外星人故事书

谷峰 / 主编

中国华侨出版社

北京

图书在版编目（CIP）数据

外星人故事书 / 谷峰主编 . —北京：中国华侨出版社，
2021.2
（探索之旅）
ISBN 978-7-5113-8280-1

Ⅰ . ①外… Ⅱ . ①谷… Ⅲ . ①地外生命—普及读物
Ⅳ . ① Q693-49

中国版本图书馆 CIP 数据核字（2020）第 131547 号

探索之旅：外星人故事书

主　　编 / 谷　峰
责任编辑 / 江　冰
经　　销 / 新华书店
开　　本 / 670 毫米 ×960 毫米　1/16　印张 /17　字数 /202 千字
印　　刷 / 三河市华润印刷有限公司
版　　次 / 2021 年 2 月第 1 版　2021 年 2 月第 1 次印刷
书　　号 / ISBN 978-7-5113-8280-1
定　　价 / 48.00 元

中国华侨出版社　北京市朝阳区西坝河东里 77 号楼底商 5 号　邮编：100028
法律顾问：陈鹰律师事务所
编辑部：（010）64443056　64443979
发行部：（010）64443051　传　真：（010）64439708
网　址：www.oveaschin.com　E-mail：oveaschin@sina.com

前言

　　浩渺的宇宙给予了人类无尽的遐想，其中，外星人是不可不说的一项。

　　外星人，是人类对地球以外智慧生命的统称。浩瀚宇宙中，与地球类似的星体有无数个，既然地球可以孕育出人类这一生命体，那么其他类似星体也同样有条件实现智慧生命的诞生与进化。怀着这样的信念，自发现外太空以来，人类从未停止过对地球以外智慧生命的探索。然而，人类发现了很多疑似外星人留在地球的痕迹，却始终没有明确的证据肯定外星人的存在，这又为"外星人"披上了神秘的面纱，人们不禁提出了诸多疑惑：真的有外星人吗？外星人的生命形态是怎样的？埃及金字塔、玛雅文明、"魔鬼三角"百慕大真的与外星人有关吗？外星人对人类是友好还是敌意，会给人类带来威胁吗？……

　　在我们视野达不到的地方，是否存在另一种人类？谁也没有确定答案，但谁也不能据此否认。1951 年，物理学家思里科·费米在与人闲聊时提出了一个有关外星人和 UFO 的著名悖论："他们在哪儿？"也就是说，科学推论肯定了外星人的存在，甚至其文明水平远高于人类；然而，假设外星人存在，那么为什么我们探索了这么久却始终毫无所获？

而对于是否继续探索地球以外智慧生命，人们也有不同的见解，有的人认为需要坚持，有的人则认为谨慎为上。已故物理学家霍金就曾告诫人类："人类主动寻求与外星人接触有些太冒险。"他认为，外星人对地球充满敌意。这些有趣的见解不禁让我们对外太空更加好奇。

其实，对于外星生命，每个人都应该有自己客观理性的态度。为了帮助读者了解外星世界，找到自己的答案，本书根据国内外众多相关材料，整理收集了诸多著名的不明飞行物与未知现象报道，通过对事件的还原与分析，同读者一起探索神奇的 UFO 与外星人问题，培养和保持我们对大千世界的敬畏与探索精神。

目录

UFO目击事件

人类与外星人接触事件

外星人来访地球真实记载

未解之谜的外星猜想

揭秘天外来客的真容

地球人对外太空的探索

科学家对地球人的忠告

[UFO目击事件]

有人认为UFO仅仅是传言，不过是一种幻想。

但事实上，全球各地的UFO目击事件数量之多实在是惊人。

有很多人有理有据地表明自己曾目击过UFO。

所谓眼见为实，既然亲眼所见，那么UFO究竟是什么样子呢？

不明飞行物的首次发现

1947 年 6 月 24 日下午 2 时，一个名叫阿诺德的美国商人驾着一架小型飞机在华盛顿州上空飞行，目的是搜寻在卡斯开山坠毁的一架运输机。当他飞上莱尼尔峰上空 3500 米的高度时，突然看到正前方空中闪过一道异光。他从未见过如此强烈的光源，于是仔细观察，发现那竟是 9 个圆盘状发光体，正以难以估量的速度和方式跳跃着从贝克山方向往南高速飞来。

阿诺德事后形容这些飞行物"像馅饼一样扁平"，而且飞行时能随意调转方向……很快，这次目击被媒体大肆报道出来，立刻引起了公众的浓厚兴趣，"飞碟"一词随之首次面世。

当然，在当时引得名声大噪并非只有飞碟，还有阿诺德本人。肯尼迪·阿诺德是美国爱达荷州博伊西城一家灭火器材公司的老板，也是一位民航飞机驾驶员。他本来是个毫不起眼的人物，但自从成为人类首次目击 UFO 事件的主人公后，便成为当时的风云人物。

在事后的调查中发现，阿诺德并不是当时唯一的目击者，在他报告后不到一个月的时间里，美国各地有多人声称发现了类似的不明飞行物。1947 年 7 月上旬的一个清晨，在美国新墨西哥州罗斯威尔镇，牧场主麦克·布莱索在自家附近发现地上散落着许多奇异的碎片和一个破碎的庞然大物。美国军方本来欲封锁消息，但消息竟不胫而走，"飞碟着陆"的新闻已经在第一时间传开了。随后，军方更正说那些碎片不过是一只损坏了的气象气球，军方如以前后矛盾对待这件事情，这本身似乎就证明了事件非比寻常。这便是著名的"罗斯威尔事件"。

阿诺德在成为风云人物的同时，也承受着巨大的媒体压力，因为不断有人指责他不过是为了出名而编造了一个谎言。1982 年，阿诺德已经 68 岁，在接受了无数次采访和盘问后，他仍然坚信："我在 1947 年 6 月 24 日所见的是千真万确的事实，并不是幻觉。"他说在那次之后，他于 1948 年驾驶飞机飞跃俄勒冈州德兰格市时，又看到 24 个不明飞行物，看上去就像高速飞行的黑鸟。1952 年，他在内华达州沙漠上空飞行时，也看见过飞碟在周围非常近的树顶飞行。它们有着坚固的金属外壳，但又能随时改变形状。

自 1947 年美国人阿诺德首次报告不明飞行物以来，世界各地不断有发现 UFO 的报告。由于大部分飞碟事件都发生在美国，于是美国空军在 1948 年制订了"迹象计划"，首次由官方着手调查此类事件。在"迹象计划"中，飞碟被称为"不明飞行物"，英文缩写为"UFO"。

从此，UFO 连同外星人的种种猜测走进人类视线。

本维特斯事件：UFO 昙花一现

英国东海岸附近有一座名叫本维特斯的皇家空军基地，后来租给了美国空军。基地附近有一片森林，叫伦都斯翰森林。1980 年 12 月末，基地里突然来了一位叫巴特勒的农民，他声称自己住在森林附近，并且见到一个像飞机的物体降落在森林里。

基地总部立刻派出一个调查队跟随巴特勒前往森林。到达出事地点后，有经验的调查人员立马就明白那根本不是什么飞机，而更像是传说中的UFO。调查员立刻将情报报告给基地高层，很快基地的高级将领泰德·康拉德上校带队赶到那里，他们发现UFO旁边还有一个银白色、高1米左右的三维发光体。而降落在那里的UFO表面已经损毁，旁边的三维发光体似乎正在修复它。

泰德·康拉德立即下令对不明物体进行跟踪观察，然而就在他们越来越靠近目标时，UFO突然发出耀眼的光芒，慢慢上升，露出底部的三脚架。当人们想要进一步观察时，UFO好像看穿了人们的心思，突然伸出6只随意移动的触角，在逼迫人们后退。就这样，UFO走走停停，士兵们则跟着它进进退退，差不多持续了一个小时。突然，UFO加快速度，一眨眼就穿越森林，消失在天际。

第二天上午，泰德·康拉德再次来到现场进行勘察，发现UFO已不见了，只剩下三脚架留下的印记。

自首次目击飞碟以来，本维特斯事件算得上是人类最接近UFO的一次，虽然只是昙花一现，犹如梦幻般地出现在人们眼前。

奥罗拉小镇上空的"巨型雪茄"

1897 年 4 月 17 日的清晨，美国得克萨斯州奥罗拉镇郊区一个叫沃斯的城堡上空，突然出现一个巨大的不明物体，远看就像一支巨大的银色雪茄。随后，"巨型雪茄"撞上了普洛克特法官住宅的塔楼并发生了爆炸，残骸散落得满地都是。据说，人们在爆炸残骸中发现了一具身材瘦小的畸形生物躯体。

当地政府事后调查发现，这之后仍有数艘飞艇飞过，目击者称，这些飞艇均呈雪茄状，还有人说它们发着光。据说它们的飞行速度可达每小时 320 千米，最高可达每小时 480 千米。

当时的天文学家威姆斯认为残骸中发现的不明生物来自火星。后来，这具尸体被当地人按照基督教的仪式安葬在小镇墓地，并盖上一块石板，而飞艇的残骸则被扔到附近的一口井里。两天后，当地的媒体称它"绝非地球上的生物"。

奥罗拉小镇因"巨型雪茄"而名声大震，但时间久了，事情也就渐渐被人们遗忘了。直到 1973 年，国际 UFO 组织创始人之一的海登·海威斯带领研究人员来到小镇，开始调查当年事件的始末。

通过走访调查，海威斯找到 3 名还健在的小镇居民。其中一名认为那根本就是一个骗局，而另外两名则持相反看法。其中马莉·伊万斯记得当时确实有物体坠落并发生爆炸，但父母不让她去看，所以并没有亲眼见到。而罗雷·欧茨并不是现场目击者，他是在1945年后才搬到这里的。但是，他曾让人清洗了当年塞满金属碎片的水井，然而这之后的12年里，他患了严重的关节炎，他认为是飞艇碎片的辐射所致，于是让人用厚厚的水泥板将水井封了起来。

研究者们接着开始调查当年与飞艇发生碰撞的住宅，希望在那里能找到一些线索。最终，他们发现一块奇怪的金属片。对此，研究者约翰·舒斯勒回忆道："1973年对这一物体进行了两次测试，分析表明它埋在这一地域已经很长时间了。后来，当切入金属内部时，发现它是由95%的纯铝和5%的铁组成的。在铝中溶解5%的铁是绝对不可能的，两者不会以这种方式结合。通常情况下，这种现象的发生概率不到1%。而且当有铁时，一般都会有锌或其他杂质金属，但该物体却完全没有。"舒斯勒还通过得克萨斯州休斯敦的那斯塔斯实验室进行测试，得到了同样的结果。他最终得出结论，认为这块金属一定而且只能运用超纯的提炼技术制造出来，绝不可能在奥罗拉镇以及周围的任何地方制造。

这一切是不是说明，那个飞行物体不是来自地球，而是来自外星呢？研究人员带着极大的好奇心再次开始寻找当年埋葬不明尸体的坟墓，终于在一棵百年古树下发现了刻着飞艇的小石板。而这时，金属探测器上发出了与从坠毁现场挖出金属碎片时一样的声音，连分贝都分毫不差。于是，他们要求挖掘墓内遗体，却被奥罗拉镇墓地委员会拒绝了。当调查人员再次返回墓地时，石板已经不见了，连金属探测器也探不到什么金属了，似乎被人挖走了。至此，唯一的外星飞艇残片证据永远消失了。

至今，奥罗拉小镇的居民仍分为两派，一派坚信外星人曾造访过他们的小镇，另一派则持怀疑态度，认为这不过是有人刻意编造的。然而，

1976 年，小镇居民一致同意，在他们认为曾埋葬了外星人遗骸的地方重新竖起石碑。

法蒂玛事件：七万人的集体幻觉

　　葡萄牙首都里斯本东北 150 千米处有一个山中小镇，环境安静，鲜为人知。1917 年，这里发生的一桩奇异事件使得小镇名扬天下，甚至成了全世界天主教徒朝拜的圣地。

　　事情的起因经过还要从 1917 年 5 月 13 日中午 12 时说起。小镇里有 3 个不足 10 岁的小牧童，分别叫吕茜、雅森特和弗朗索瓦。3 个牧童在镇上的栎树旁邂逅了一位漂亮无比的夫人，夫人同他们谈了话，并且让他们直到 10 月 13 日为止，每月的 13 日都在同一时间到栎树边来听她讲话，她要告知他们一些奇妙的事。于是，3 个小牧童照做了，在 6 月 13 日和 7 月 13 日，他们如约来到栎树边上见那位美丽的夫人。然而，除了 3 个牧童以外，其他任何人都无法看到栎树边的女人，但是他们唯一承认的是每到那时太阳都会变得非常暗淡。

　　随着消息逐渐传开，越来越多的人来赴约，希望能一睹真容。于是到了 8 月 13 日，市政警察为了制止这些被认为迷惑人心的言论进一步扩大，就将 3 个小牧童关了起来，没让他们如约前往栎树边，而那棵栎树附近也没有出现任何异常现象。可笑的是，由于警察的介入，那件神奇的事反而越传越凶，许多的村镇都得知了此消息。

到了 9 月 13 日，栎树附近简直人山人海，当中午 12 点终于在人们的期盼中到来时，太阳果然像传说中的那样失去了光辉，许多人举起手来，指向天空大声叫嚷着："她来了，她来了。"有一位叫玛丽亚·佩雷拉·让的目击者在其目击报告中描述了当时的情景："我生怕自己同纳西人一样产生幻觉，于是竭力控制自己，不受他们的影响。确实，太阳真的失去了光辉，那是我目睹的事实……当吕茜举手指向天空，大叫'她在那里！她在那里！'时，我也不由自主地举目仰望。我大吃一惊：一个发光物正在朝东方飞去，虽然难以置信，但它是那么真实清晰。发光体并不大，宽度比高度要小些，飞行速度相当快，我目送它消失在天边。这究竟是什么东西呢？我百思不解。"

这次，美丽的夫人嘱咐吕茜，让她告诉大家，下月她要在大家面前"显灵"。消息一传十、十传百，很快传遍了十里八村。到了 10 月 13 日那天，令人难以忘怀的奇观出现了。那天，天气阴沉，虽然下着滂沱大雨，却有成千上万的人会聚到法蒂玛村。时至中午，竟聚集了 7 万人，不一会儿，大概时间到了，吕茜像是受到了某种指令，转告大家可以收起雨伞了。然而，天还下着大雨，人们却毫不犹豫地将雨具收起来。奇迹发生了，雨突然停了，层层乌云转眼不见，露出暗淡的阳光。

目击者佩雷拉·让在报告中这样描述当时的情景："突然，太阳开始以令人眩晕的速度自转了起来。它似乎向我们飞过来，大有坠毁于我们脚下之势。难忘的事情发生了：吓得面如土色的人群不约而同地跪倒在泥泞之中，有的口中念念有词，有的呼天喊地。整个山谷回荡着一片呼喊声和恐怖的号叫声。不一会儿，太阳停止了旋转，仿佛跳起了奇怪的华尔兹舞，我们感到它忽远忽近，色泽多变的光芒照射着人们……如果说太阳确实失去了它刺眼的光芒的话，那它的热量却仍不减往常。刚才我的衣衫还是湿的，可转眼间我感到它们已经完全干了。"

奇观出现之时，3个小牧童又遇到了美丽的夫人，夫人称自己是"玫瑰夫人"，并嘱咐人们应当勤于忏悔，然后便安详地飞向东方，一去不复返。

这便是整个事件的经过，当时许多科学家认为法蒂玛事件中的目击者大部分都是天主教徒，因此所谓的圣母显现，并传递让人忏悔等的信息都是宗教的狂热和集体幻觉所致。

然而，如果是幻觉的话，少数人还说得过去，7万人的集体幻觉未免太过玄妙了吧。排除这些宗教成分，我们再来看，种种迹象似乎表明这是一场集体目击UFO的事件，比如太阳变暗淡，一个圆球发光体的飞行等。但可惜的是，最终人们也无法从科学的角度对此作出合理的解释。

罗斯威尔事件：飞碟残骸还是气球碎片

1947年7月4日傍晚，美国新墨西哥州一个沙漠地带的小镇罗斯威尔被浓厚的乌云笼罩，像要发生什么大事似的。到了深夜，这里果然电闪雷鸣，下起了滂沱大雨。不远的布莱索小农场里，49岁的农场主麦克·布莱索突然听到两声巨响，非常震惊，直到再没有听到奇怪的声音后才安心上床睡觉去了。

第二天一早，挂念着牧场的布莱索急匆匆向西北赶去，在大约120千米远的福斯特牧场，布莱索意外发现周围大约400米范围内，散布着一种特殊的金属碎片。他开始驻足观察，发现有一小片草地有烧焦的痕迹。更为奇特的是，布莱索从未见过这种材质的碎片，谨慎起见，他很快向警察局报了案。随后，空军基地的杰西·马西尔少校赶往现场勘查。

4天后，美国新墨西哥州罗斯威尔的《每日新闻报》上出现这样一条大字标题——"罗斯威尔惊现坠落飞碟"，并且称"飞碟"将被送到俄亥俄州空军第8总部做进一步的检查。然而，仅仅6个小时之后，空军第8军总司令罗杰·雷梅发表的声明就彻底推翻了这一说法，他称马西尔少校得到的并非飞碟，只是带着雷达反应器的气球残骸。7月9日，另一篇报道更称农场主布莱索根本没有听到什么巨响。

几条新闻经各大报刊转载后，立时引发了一场轩然大波。UFO本来在美国就被宣扬得沸沸扬扬，再加上在这次事件上，美国军方前后矛盾的说法，让好奇的人们越来越察觉到似乎政府在故意隐瞒着什么。于是，人们从四面八方奔向美国南部的新墨西哥州，而农场周围20千米的范围已经被军方围起铁栅栏，并派一队队荷枪实弹的士兵在那里站岗。

之后，人们一直静静地期待美国军方能公开罗斯威尔事件的真相，但军方始终保持沉默，没有给出任何解释或说明。有人开始质疑这件事，尤其是觉得作为情报人员出身的马西尔少校怎么会认不出那些碎片是出自热气球上的雷达材质呢？美国军方对此避而不谈，马西尔少校也以沉默回应。直到1978年马西尔少校退役后，他才在《全国探究者》上公开声明，1947年他在罗斯威尔附近亲眼看到的不是气球而是飞碟。

一石激起千层浪，围绕罗斯威尔事件的报道再次沸腾起来，有人说曾在布莱索农场西5000米的荒地发现了一架金属碟形物残骸，直径约9米。更令人吃惊的是，神秘碟形物已经裂开，有好几具尸体分散在碟形物里面及外面的地上。对于这些尸体也有详细的描述，称它们体型瘦小，身长在 100—130 厘米，体重 18 千克左右，无毛发，大头，大眼，小嘴巴，身穿整件的紧身灰色制服。甚至还有人爆料，说有人曾在空军基地参与了尸体解剖。

直到 1993 年，美国空军迫于各方压力开始对罗斯威尔事件展开调查。第二年，军方给出了一份以负责内政安全和特别项目监理部长理查·韦伯个人名义发表的《空军有关罗斯威尔事件的调查报告》，声称："在本次调查中，没有发现任何证据可以表明 1947 年发生在罗斯威尔附近地区的事件，和任何一种地球以外文明有关。但是从罗斯威尔回收的残骸，极有可能来源于'莫古尔计划'所施放的气球。"

"莫古尔计划"是美国在 1947 年六七月间进行的一项绝密的军事试验，目的是放飞一些携带着雷达反射板和声音感应器的气球，利用这些气球探测苏联核试验所产生的冲击波，以监视当时苏联的核子试爆。难道争论了半个世纪的罗斯威尔事件就这样成了定局？有人提出质疑，让美国政府不惜暴露国际情报也要平息罗斯威尔事件的原因是什么呢？

1995 年，眼看罗斯威尔事件即将告一段落，却突然出现了戏剧性的转折。1995 年 8 月 19 日，在英国雪菲尔市哈兰大学举行的第八届国际 UFO 大会上，一位名叫雷·山提利的英国商人公布了一部拍摄于 1947 年的纪录片，内容竟然是在罗斯威尔事件中美国军方解剖外星人的现场过程。影片是雷·山提利偶然从一位受雇于美国军方的退役摄影师手里得到的。已经 80 岁高龄的摄影师对山提利说，1947 年他奉命从华盛顿飞到罗斯威尔，拍摄了《罗斯威尔飞碟坠毁事件》的纪录片。影片有 14 卷，是 16 厘米黑白片，每卷约 7 分钟，全长 91 分钟，只是声道空白。

影片被认为是铁证，至此人们认为罗斯威尔事件看似就要尘埃落定了。然而，谁又能料到，11 年之后，也就是 2006 年 4 月，又爆出了一条惊人的消息：英国著名电视特技师哈姆菲雷斯向媒体承认，解剖外星人的影片是他和另外几名同行炮制的，是他们 1955 年在北伦敦卡姆登地区的一座公寓中拍摄的，发行商雷·山提利也是骗局的制造者之一。

这时，公众才发现自己仿佛被来回愚弄了好几次，然而也正是这样的反复波折，似乎让人们更加难以确定这到底是一出荒诞闹剧，还是确有其事。

频繁出现在"二战"战场的神秘飞行器

从 1939 年到 1945 年，人类历史上经历了惨绝人寰的第二次世界大战（以下简称"二战"）。这段历史成了我们永远背负着却不愿提及的伤痛。1945 年，战争进入了尾声，当各国纷纷收兵回营反思伤痛时，一份军情档案却爆出了一个惊天消息：地球之外，似乎有一双眼睛自始至终在旁观着"二战"。

档案所记录的事件要从 1942 年说起。1942 年 3 月 25 日，英国皇家空军战略轰炸机大队的罗曼·索宾斯基机长驾机夜袭德国城市埃森后，直接升上 5000 米高空飞离了德国领空。就在他认为终于可以长舒一口气时，却突然接到机关炮炮手的报告说飞机正被一个不明物体跟踪。

索宾斯基首先想到那是不是跟踪而来的德国空军驱逐机。对于他的疑问，炮手回答得十分肯定："不，机长先生。它不像一架飞机，而且没有清晰的轮廓，会发光。"刚说完，炮手所说的不明物体就跟了上来，果然，它周身散发着橘黄色的光芒。

"大概又是德国刚造出来的什么新玩意儿！"机长将自己的第一反应如实说出来，并且让炮手在它靠近150米的距离时开火攻击它。炮手照做了，然而接连不断的炮弹没能伤那飞行物分毫，它仍旧不慌不忙，悠然自得地与他们并肩飞行。

机上这些身经百战、历尽生死的士兵全惊呆了，这东西怎会有如此强大的防御能力。惊慌失措的英国空军战士们高度紧张起来，准备要打一场恶战。然而一刻钟后，不明飞行物却突然直线上升，在众目睽睽之下消失了，速度快得难以形容。

无独有偶，1942年3月14日17时35分，轴心一方也遭遇到了类似的事情。德国在挪威巴纳克的秘密基地雷达上显示空中出现一架不明飞行物。由于德军时刻处于高度战备状态，针对此飞行物，德方立即派出基地优秀飞行员费舍上尉驾驶M-109G型主力战机起飞拦截。费舍上尉果然成功地在3500米高空追踪到了这架不明飞行物。结果，他看到了有生以来都难以忘怀的情景：眼前这个庞然大物长约100米，宽约15米，周身由某种特殊金属制造，闪闪发亮。前端似乎有一种天线般的装置，没有机翼却能在空中保持水平飞行。

不明物体一定发现了费舍上尉，但它仍不慌不忙，在与费舍上尉并驾飞行几分钟后，突然拔高，以难以想象的神速离开了他的视野。不但肉眼难以捕捉它，就连地面雷达也再找不到它的踪迹。虽然费舍上尉有着丰富的战斗经验，但他很难判断自己究竟见到了什么。那东西有着惊人的速度，连他们苦心研发的 M-109G 型主力战机都望尘莫及。难道它来自同盟国？费舍难以相信，如果来自同盟国，那太可怕了，可是它为何不向他们展开攻击呢？

　　1943 年 10 月 14 日，德国城市施韦因富特遭到盟军空袭。参加攻击这一重要目标的有美国空军第 8 军的 700 架"空中堡垒"波音 B17E 型和"解放者"联合 B24 型重型轰炸机，担任护航的有 1300 架美国和英国的歼击机。其中，B17 轰炸机方阵的英国少校 R.T. 霍姆斯事后报告说，他的飞机编队到达目标上方开始发起攻击时，一些闪闪发亮的大圆盘突然出现并迅速向他们靠拢。更令人惊奇的是，这些大圆盘对正在进行着的疯狂射击竟毫不在意，它们既不躲避也不反击，只是悠闲地穿梭其间。

　　这些不明飞行物令他们分散了注意力，因此损失惨重。霍姆斯少校幸运地返回了基地，并立刻向皇家空军统帅部递交了一份详细报告。英国的军事专家和科学家们纷纷猜测，这种"无翼飞船"可能是德国人研制出的新型秘密武器，但霍姆斯少校认为事情没这么简单。1943 年 10 月 24 日，作战部命令情报部火速查明这件事。3 个月后，英国情报部门汇报说，"无翼飞船"跟德国空军以及世界上任何一国的飞机都毫无干系。

　　1944 年 2 月 12 日，德国秘密基地也梅尔多夫发射了第一枚 V-2 型导弹，在当时这种导弹是没有任何武器可以拦截的。为了获取第一手资料，这次发射被拍成了电影。然而，令人吃惊的是，在冲洗胶片时，技术人员惊愕地发现 V-2 型导弹在飞行过程中始终被一个不明的圆形物体跟踪。那物体旁若无人地绕着导弹旋转飞行，而基地现场的德国高级将领们竟毫无察觉。

希特勒大为恼怒，他本以为这是世界上最高端的武器，却发现另一种不明物体远胜于 V-2 型导弹，而且很可能出自对手之手。其实他不知道，同盟国也正为此大动肝火，因为不久前它就已经在偌大的英国海军基地斯卡帕弗洛上空堂而皇之地出现过，而所有的喷火式战斗机根本无法拦截它，据测它的速度可达每小时 3000 千米。

1944 年 11 月 23 日 22 时，美国空军第 9 军 415 大队的两架野马式 P-51 型歼击机在位于英国南部的基地上空巡逻时也遇到了不明飞行物。两架野马式 P-51 型歼击机立即组成战斗队形想拦截住那些奇怪的圆盘，但他们开足了马力仍追不上。基地雷达站指挥官 D. 麦尔斯中尉已经收到了两位驾驶员的报告，且在地面一直关注着这场速度悬殊的空中追逐，他计算二者的速度差距至少有 4 倍，于是下令两架歼击机返航。

类似的事件在"二战"期间还有很多，在事件发生当时，无论是战争的哪一方，都认为这大概是对方研发的新型飞行器，然而事后才发觉，这样高端的飞行器根本不可能出自地球。如果不是地球的飞行物，那么它又来自哪里呢？频频出现在战争现场又是为了什么呢？我们至今仍不得而知。

俄罗斯士兵的神秘日记

目击 UFO 的事件层出不穷，但真正见过外星人的人却没有几个。一直以来，人们一直在思索，茫茫宇宙中，难道地球真的是唯一存在生命的星球吗？如果不是，那么跟我们一样有着生命的星球在哪里？外星人是否会像我们一样好奇着其他星球生命的存在？它们长什么样子，会说话吗？是否有高度发达的文明？如果它们能乘坐 UFO 探访地球，是否说明它们的智慧要远远高于我们呢？

虽然我们尚不能解答到底外星人长得是否跟地球人相像，但近年来从不断取得的新发现中，我们几乎能确定在遥远的一颗或几颗星球上确实有可能存在生命。比如，科学家一直在寻找新的行星，是一些其与母恒星之间的联系同地球与太阳之间的联系很相似的行星。然而，是否每一颗行星只要拥有支持生命存在的条件，就一定能演化出生命来呢？就算某些星球孕育了生命，但是否具备高等智慧，从而探访地球呢？即便具有了高等智慧，它们的探访是否又是善意的呢？

从第一次 UFO 目击事件以来，人们积攒了太多的疑惑不解，但有一个发现，似乎能稍稍缓解下这种郁闷的心情。那是在 20 世纪 60 年代的一天，苏联铺路工人们正忙于西伯利亚大铁路的建设，突然听到有人大叫一声，于是纷纷向那人走去。那人名叫巴甫罗·巴斯钦科，他说自己的镐好像碰到了什么东西。那时正值严冬，地面结下厚厚的冻土层，挖起来十分困难。

伴随着强烈的好奇心，人们费力地把巴甫罗·巴斯钦科东西挖了出来。那是一个普通的咖啡罐，已经十分破旧，盖子也裂开了。让人们感兴趣的是，罐子里有一块用石蜡布包裹着的什么东西。巴甫罗·巴斯钦科十分小心地把布剥开，里面是一个袖珍笔记本。巴甫罗·巴斯钦科立刻意识到了这东西非比寻常，或许还有历史价值呢。于是，他把罐子交给了工地负责人，而工地负责人又把此事报告给了苏维埃文化保护部门。

经过科学鉴定，这罐子是 50 年前的遗物，而那时正值俄国十月革命。笔记本已经开始腐烂，当时的科学家请求美国科学家帮助分析，于是美国人类学研究中心的莫里斯·迪索特博士应邀前来帮助研究。他用最新发明的氟化碘剥层分离法，将笔记本中最重要的部分剥离出来。而后，经过几个月努力，科学家们终于弄清了笔记本里面的内容。

这本笔记是属于 1917 年俄国十月革命中白俄罗斯士兵尼古拉·斯科尔尼柯夫的，令人吃惊的是日记的内容，它居然记述了这名白俄罗斯士兵与外星人交往的整个过程。

日记的部分内容如下：

1917 年 11 月 18 日

我们向着西伯利亚的腹地挺进。由于离前线太近，补给线太远，我们心里十分不安。清晨，布尔什维克的军队突然向我们发动了进攻，将我们的给养线彻底切断了。

1917 年 11 月 19 日

敌人的进攻越来越猛烈，而我们的弹药却所剩不多了……

我之前在森林里见到的闪光，原来是外星人的飞船。据这个外星人说，正是这种闪光才使得飞船可以进行星际间远距离飞行。但关于推动装置的详细作用，它并没有加以说明。不过，它倒是很爽快地同意与我国相互交换政治与文化等情报。

为了记录我们的谈话，外星人使用了一种不可思议的装置。当我询问这东西的电子管在哪儿，喇叭又在哪儿时，它奇怪地看着我，发出了一阵奇怪的声音，像是在笑。它大概是在笑地球人的落后，居然看不懂它们的仪器。

1917 年 11 月 24 日

我是最早与外星人相遇的，由此中尉命我保护这不可思议的生物。可是在这种战争局面，我连自己都顾不周全，又怎么去保护它呢？

不过，这个穿着奇特银色服装、带着无线电装置的黄皮肤生物却同我交了朋友，奇怪的是它无法理解死的含义。外星人看到一个士兵被击毙后一动不动地躺在地上，就问："为什么他不站起来？"我反问它："你们星球的人可以复活吗？"它回答："当然可以。"

1917 年 11 月 28 日

今天，我有充足的时间来倾听外星人朋友的声音，于是请它详细说说它们星球的情况，以下便是它的谈话内容。

它所在的星球比地球或类似地球的行星要古老，但大小却和地球差不多。

很久很久之前，那里也像今天的地球一样有着许多国家。后来，所有国家都统一起来了，受一个政体的领导。

据它介绍，它们星球的相当于首都的地方要比莫斯科、纽约、东京以及罗马等大城市都要大得多，建筑物也比地球上的大，是用一种特殊的物质建造的。当我问到这种物质是用什么矿石冶炼出来的时候，外星人摇了摇头，说很难向地球人说明这一点。

不过，它问我是否知道塑料这种物质，因为我不懂，所以谈话就结束了。

1917 年 11 月 29 日

外星人不怕寒冷，它说它那件银色服装能防寒。我用手摸了摸那件衣服，是用一种我从未见过的材料制成的，一点儿褶皱也没有，比丝绸还要薄。我问它为什么这么薄的衣服也能耐寒，它却亲切地对我说，这一点我是无法理解的。

吃晚饭的时候，我像往常一样把自己的粮食分给它。可是今晚它没吃。它说，它并不需要我们所吃的这种食物，之所以一直同我一起吃，是因为我邀请了它的缘故。

1917 年 12 月 2 日

弹药已经用完了，我们当中甚至有人开始谈论投降的事。我并不知道布尔什维克的共产主义革命能否成功。不过在军事上，他们确实已接近了胜利。中尉似乎还不能理解这种事，仍命令我们继续作战。

外星人走了已有两天了。我了解到它们是光明正大且爱好和平的，无论在技术、文化和道德上都远比地球先进得多。

日记到此结束。虽然我们已经将这一骇人听闻的信息解读出来，但是时至今日，却并不能肯定写日记的人是否真的与外星人有过接触。或许记下这些日记的人根本是在恶作剧，又或者他只是精神不太正常，产生了幻觉。这仍是一个未解之谜。

频频发生的莫斯科 UFO 事件

1981 年 11 月 16 日晚 8 点多，莫斯科市区东部的依兹玛伊公园突然传来一位妇人的高声叫喊："魔鬼降临了！"无线电工程师蔡伊特斯基正好路过，他看到一位妇人正指着雪地上一个完整的雪融化后的圆形大声叫喊。不远的上方，一架发光的圆形 UFO 正从公园的树丛后面升起。

妇人呆呆地望着天空的那道闪光，说道："就在刚刚，飞碟就落在这里，走出了一个怪物。它的头像倒置的漏斗，两眼又圆又大，毫无表情。手有 4 根指头，身体有四肢，像男人的身材，看着像没穿衣服又或者是穿着紧身服。"据称，那怪物听见妇人的呼叫后立即返回飞碟，腾空而去。

UFO 除了对美国情有独钟，似乎对莫斯科也颇感兴趣，据称 UFO 曾多次登陆莫斯科。

1980 年 6 月 15 日午夜时分，一架飞碟现身莫斯科上空，很多目击者目睹了这一幕，当时的情形被一位科学家拍摄了下来。一位苏联军官卡雅坚中校将自己的所见记录下来，并进行了上报："从寓所的窗户看见大约 30 米的高空出现一架飞碟，直径约 4 米，放射出浅红色光芒，飞得较慢。我想上前观察，但被一种无形的力量所阻止，像是碰在一面无形的墙壁上，被反弹了回来。"而中校的邻居看得更清楚，他说自己甚至看见飞碟上有一个矮小的人，身着太空服，头戴太空盔，坐在透明的飞碟驾驶圆顶内。

一位博士在调查报告中这样描述："飞碟出现达 40 分钟之久，最后向东方飞去，至少有数千名市民目击。飞碟的形状像球，直径约 90 米，后面拖着一条很长发着光的尾巴。它还多次吐出较小的子飞船，分散在空中。"

莫斯科国家电视公司的一位节目制作导演柯列斯夫报告说："一架飞碟在窗外出现，向室内射出光芒，把我妻子的手臂灼伤了。"

当夜，苏联空军的喷气式战斗机紧急升空迎战，但在飞机到达之前，飞碟突然高飞失踪。苏联空军飞行员报告说"月形的母船飞碟及子船群在数秒钟内东飞，一闪而逝，我空军机群追之不及"。

那天夜里，莫斯科数百万市民惶惶不安，大家奔走相告，仿佛到了世界末日。然而，飞碟危机并没有像它消失时那样干脆利落，很快飞碟再次威胁莫斯科。1981 年 4 月初的一天约凌晨 4 点钟，有人目睹 4 架发光的飞碟在天空列队飞行，莫斯科大学物理教授齐高率领 20 位科学家调查了这一报告，发现目击者是住在一栋公寓里的几位高级工程师，还有苏联国防部的一名长官和一位医生，他说上述目击证人都有身份地位，非常可靠。据证人描述，4 架飞碟都有透明的塔形驾驶舱，可以看见里面驾驶员的肩部以上，它们很像人类，头戴透明的太空盔。飞碟低飞略过他们的窗外，没有发出任何声音。

1981 年 5 月 15 日，飞碟再次出现在莫斯科上空，这次甚至有数十万市民都看到了首都上空的飞碟，苏联国家安全部长玉里·安德洛普夫终于下令调查此事。

5 名高级人员率领 5 名顶尖科学家组成了实地勘察专案小组，访问了 2.5 万多名目击者和数十位科学家，调查报告列入最高机密。后来，专案调查小组成员之一的齐高博士透露了部分内容："5 月 15 日凌晨 1 点 27 分，一架巨大的圆球形不明飞行物体出现在莫斯科以南 160 千米的土拉镇，1 点 30 分，该飞行物飞临莫斯科市区上空，3 分钟内飞行了 160 千米，可见速度极快。"

另有知情人士也透露说："该不明飞行物为巨大的球形物体，飞临莫斯科近郊某机场，并在其上空停留约半小时，空军喷气式战斗机升空截击，但始终无法追上。飞碟一闪之间就已飞临北郊，在那里释放出烟火般的光芒。"

一位机构工程师报告说："飞碟先是由中央部位爆发出一阵白色强烈闪光，后来变成巨大的橙色光芒，中心仍是白光，继而才射出像烟火般的光芒。而且，母船放下 3 架小飞碟后便消失不见了。"

飞碟究竟释放了什么呢？对此，之前一位博士也证实说母船的确释放了小飞碟，"母船放出的第一架子飞船飞临克里姆林宫。第二架子飞船飞临莫斯科火车站，在火车站上空浮悬了两个小时后飞到附近的一个湖面上，几秒钟后没入湖底"。

1981 年 8 月 23 日晚，莫斯科再次惊现 UFO，这次甚至对人类展开了袭击。莫斯科一位退休医生博加特列夫因失眠到厨房喝牛奶，不料却看见窗外出现一个奇怪形状的、像面团一般的发光物体正悬浮在距他寓所仅约 30 米的空中。医生吓坏了，那飞碟简直就像长了眼睛一样直视着他。突然，飞碟向他射来一道闪电般的光芒，窗户立刻被烧了一个直径约 8 厘米的洞。玻璃圆片掉落在地上，洞口光滑无痕。后来据调查，那天夜里莫斯科有 60 多处房屋的窗户遭到同样的破坏，但博加特列夫是唯一的目击证人。

一批科学家调查后向当局报告："当夜至少有 17 架飞碟袭击莫斯科。"苏联的专家们对被破坏的玻璃进行了研究，却怎么也想不出究竟是什么力量能使窗户玻璃的分子结构完全改变。一位博士说："专家们都无法解释，这是一件不解的飞碟神秘事件。国营玻璃公司的专家们无法复制跟飞碟射熔的玻璃片一模一样的物品。"

这些不明飞行物体来无影去无踪，轻而易举地就能威胁人类的生命安全，然而人类至今却不明白这些不明物体是什么，它们来自何方，要做什么。这些问题虽然已经引起政府的忧虑和科学家的深切关注，但我们始终无能为力。

UFO 光临北极圈

UFO 似乎也并非那么喜欢出现在人类面前，很多时候，它们更青睐于北极圈内这样人迹罕至的地点。

1981 年 10 月 22 日，空军上尉杜柏斯妥夫驾机在北极圈内的北冰洋上空巡逻，突然发现一架巨大的圆形飞碟。该飞碟直径约 270 米，几乎贴着水面浮悬在低空。惊慌之余，上尉立刻向基地发送电报，将此事报告给上级，很快他接到上级指令——追踪飞碟。上尉向飞碟飞去后，绕着飞碟飞了半圈，飞碟立刻向他射出圆锥形的强烈光柱，一瞬间飞机的引擎和所有仪器立刻失灵，飞机急速下降，而那架巨大的飞行物却突然加速，无声地从飞机旁一掠而过，旋即直升高空，瞬间消失得无影无踪，只留下一条蓝色的喷气。上尉将失灵的飞机重新控制好并飞回基地后，立即向上级报告了经过，地勤人员则对机件进行了严格的检测，但始终无法查出让仪器失灵损坏的原因。

按照苏联 UFO 研究专家奇高教授的说法，他认为在北极圈内出现飞碟应该是十分平常之事。对于外太空的飞行物来说，北极圈是非常容易进入的地方，因为那里没有地球磁场的干扰。先进入北极圈，再逐渐进入地球磁场，飞碟离开地球时，也从北极出发，以便摆脱地球的磁场引力。按奇高教授的说法，苏联的档案里，记录了数百件北极发现飞碟的报告。

另一位 UFO 研究专家艾沙沙博士说："北极圈苏联的领海内，曾在5年里发生了36次飞碟目击事件，其中许多报告称飞行物体出没于北冰洋冰冻的海水之中。飞碟在日本海和苏联沿海出现的次数更多，曾在7年里达190件，大多出没于海水与天空，经查证完全属实。"

1980年8月16日凌晨2时，苏联海军"窝罗比耶夫"号运输舰在海参崴外海航行时，就突然发现日本海上出现飞碟。舰长彼得洛夫上校向海军基地报告称：日本海上出现灰色金属光泽的不明飞行物体。这份报告书长达160页，记述了6次见到飞碟的情形。

据称，在这6次目击中，有两次见到大约有180米长的圆筒形母船，在放出小型飞碟后潜入海里，还看到回航的小飞碟飞进巨筒内。

还有一次，水中突然飞出一个9米长的圆筒，盘旋在舰舷外15米处，好像在进行侦察。

飞碟似乎也并非都是恶意的，有一次一艘苏联轮船在雾中迷失了方向，后来竟出现一架飞碟，引领着它安全通过波涛汹涌的鞑靼海峡，时长达 36 分钟。

这份报告书上签写了舰长和全体船员的名字。艾沙沙博士曾对外承认有这份报告。根据这份报告，他推测，来自外太空的飞碟可能已经在北冰洋和日本海分别建立了海底基地。

第一次看到 UFO 上的神秘标志

虽然 UFO 在世界各地频频出现，但大多数目击者都只看到 UFO 一晃而过，根本来不及仔细看，其就已经消失在天际了。正因为如此，至今 UFO 也只是一种不确定的存在，人们仍旧停留在猜测阶段。然而，在这些为数众多的 UFO 目击事件中，也有极少的一部分，慷慨地让我们看到它的真面目。

1964 年 4 月 24 日 17 时 45 分，美国新墨西哥州州警萨莫拉正驾车执行公务，当他追赶逃逸车辆行驶到墨西哥州索科洛镇以南 85 号公路时，突然听到一声巨响。萨莫拉心里为之一震，猛然想到距离此处向西南 800 米的地方有一座炸药仓库。于是他赶紧掉头向西南方向疾驶而去，当他来到一片碎石路上，却只看见了一些蓝色带橙色的火光，而且火光中一点儿烟都没有。

萨莫拉继续驾着警车向西缓慢前进，寻找炸药库，但他似乎并未发现什么异常，就在这时，前方 150 米处突然出现了一个发光物体。

　　"莫非前面发生了一起车祸？"萨莫拉心里寻思着，正要向前驶去，却又看到发光物体旁边似乎站着两个身穿白色连身装的男子。萨莫拉一边加速驶去，一边用车上的无线电话跟该镇派出所联系，报告这里发生了一场车祸，司机正在检修，需要帮助。挂了电话，萨莫拉停车走出车外。直到这时，他才看清那个发光物体根本不是什么出了事故的汽车，而是个椭圆形的金属物体。旁边站着的也并不是什么"男子"，而是说不上来的一种生物，那生物此时正巧看到萨莫拉，好像吃惊得要跳起来似的。

　　正当萨莫拉吃惊地看着眼前这奇异的一幕时，又是一声巨响。那不明物体的底部窜出火焰，然后笔直地上升。

　　"UFO。"萨莫拉心里一惊，意识到事情的严重性，他疯了似的往回跑，在离警车大约15米远的地方惊恐地看到了这样一幕：发光体还在上升，这让他看清了该物体的整体形象：它呈精密的蛋形，表面光滑，既没窗也没门，蛋体侧面清晰地画着一个特殊标志——在一条横线上，向上的箭头指向一个开口向下的弧。

　　这时，巨响停止了。但萨莫拉仍能看到蛋形发光体，可是当查维斯警长到达时，发光体已消失不见。查维斯警长立即将这些情况报告给了联邦调查局，紧接着，不仅是FBI，美国陆军、空军，包括媒体、电视台也都参与进来，索科洛一带惊现UFO的消息一时间传遍整个世界。

　　目击者萨莫拉后来才知道自己见证了多么重要的事情，于是将自己看到的情况如实说出后便从此拒绝媒体的采访。就当所有人都以为再也很难挖出更有价值的线索时，镇上加油站的营业员透露了另一位目击者的存在，原来在萨莫拉目击不明物体的同时，靠近加油站的一名顾客也目击到了这一切。

天文学家海尼克博士在审核当时发生的情况时，认为整个事件最神秘也最新颖的是蛋形飞行器上那个特殊的标志。这是人类第一次目击到 UFO 上的标志，这标志到底代表着什么，是蛋形 UFO 的身份证明还是另一个星球的缩写符号呢？这令人十分费解。

凯克斯堡事件：被隐瞒的 UFO 真相

美国宾夕法尼亚州有一座闲逸宁静的小镇凯克斯堡，然而有一天，小镇的宁静被一桩神秘事件打破了。

1965 年 12 月 9 日 15 时，一团巨大的火球划过天际，降落在凯克斯堡镇外的树林中，林中顿时腾起一团硕大的蓝烟，吸引了当地居民的眼球，很快一批全副武装的美国空军和陆军士兵赶到现场，封锁了此地。

事发当晚，许多家媒体记者赶赴现场，想要获得第一手新闻，然而军方无一例外地予以阻挡。由于火球划过天际的瞬间，加拿大及美国密歇根、俄亥俄州和宾夕法尼亚州的众多目击者都看到了，消息还是不胫而走，再加上军方的态度，人们众说纷纭，而赶到现场的记者们更是络绎不绝。直到午夜时分，坚守观望的人们终于看到了奇怪的一幕：一辆军队的大平板车载着柏油雨布遮盖的神秘物体正飞快驶离现场。

第二天一早，"不明飞行物坠落凯克斯堡，军队封锁整个地区"这样的标题出现在《宾州论坛评论》的头版头条。然而奇怪的是，到了下午，晚报头条却变成"搜索行动没有发现任何物体"，这如美国军方做出的回答如出一辙。两种截然不同的报道让民众陷入了困惑，凯克斯堡惊现不明飞行物的这一说法更是口耳相传，添油加醋地传遍美国。同时，这也引起了 UFO 研究者的关注和调查。

他们走访了数百名目击者，其中美国著名爵士音乐家杰里·贝特兹曾公开表示，当年他就在事发现场，士兵为了阻止他和朋友们靠近树林甚至用枪胁迫，而就在他们离去时，看到军队的平板车上载着一个外形如钟状的神秘物体飞速离开。一位知名商人也作证说，那时他还年少，和一群朋友一起溜进现场想看看那神秘的坠落物，但同样被举枪的士兵极其凶蛮地阻止了。这一切让多数目击者在困惑的同时，愈发觉得那个坠落的神秘物体隐藏着不可告人的秘密。那么，美国军方在极力隐藏的究竟是什么呢？

为了调查事情的来龙去脉，有人录制了一盘纪实报道，其中采访了一些目击者。然而就在他准备播出的前几天，两名自称是政府官员的男子找到他进行了一场密谈。这之后，录音带被没收，照片也没了踪影，在节目播出时甚至没有提到"UFO"一词。而节目的制片人也不再谈及此事，并中止了任何调查。

当地消防员詹姆斯·罗曼斯基曾说，他奉命前去灭火时看到那个神秘物体的颜色像青铜，该物体没有窗户、门或接缝，表面却有类似古埃及象形文字般的记号。这个说法一经爆出，更使得人们相信美国空军捕捉到了 UFO，而他们一直对民众隐瞒真相。

2003 年，美国最有影响力的科幻频道派出由三位科学家组成的小组对凯克斯堡的 UFO 事件进行调查，然而他们在对事发地点进行了全方位的勘测后发现那里的土地没有被撞出大坑的痕迹，难道当时的 UFO 并非坠毁而是降落，这似乎跟目击者所说的"缓缓划过天际"相吻合，那么爆炸又是怎么回事呢？

2005 年 12 月，在凯克斯堡 UFO 事件发生 40 周年纪念日前，美国国家航空航天局（NASA）突然发表声明，称当年确实发现过一些金属残骸，但那是进入大气层的"苏联卫星残片"。40 年前，NASA 称"没有发现任何东西"，现在又突然承认凯克斯堡确实有空中坠毁物，这又是什么原因？面对人们的质疑，NASA 发言人却十分微妙地回答："是档案放错地方了。"

显然，这个说法太缺乏说服力了。2007 年年初，美国多个新闻机构和民间人士根据《信息公开法案》要求 NASA 公开此事件的绝密档案。迫于舆论压力，NASA 不得不公开了约 40 页的文件，然而人们很快发现这些文件不但不完整，而且毫无重要内容。当人们再度要求澄清时，NASA 却回答："我们不管 UFO 的事，我们只是让专家看看当时究竟找到了什么，是什么东西，当专家们结束调查，断定它是苏联卫星残骸之后，这事也就完结了。非常不幸的是，许多与此相关的文件后来放错地方，再也找不着了。"针对这一言论，NASA 内部负责空间残骸的首席科学家尼古拉·约翰逊仔细调查了 1965 年太空残骸的跟踪档案，却并没有发现任何苏联卫星残骸坠入美国的记录。

舆论界对此强烈不满，勒令 NASA 在 2007 年年底前一定要找回当年失踪的档案，然而这事一直拖到今天也未解决，而凯克斯堡事件的真相仍未公开。

UFO 与空军的对峙

1982 年 6 月 18 日夜晚，中国华北北部上空惊现不明飞行物。当时，中国人民解放军空军航空兵某部的 7 名飞行员在空中与之相遇，而地上全体参加飞行的领导、士兵等 200 多人目睹了这一切。该不明飞行物于北京时间 22 时 6 分左右出现在他们眼前，周身散发着橘黄色的光束。

当天刮着西北风，三四千米的上空仅有少量的积云，能见度良好，该空军航空兵某部正进行跨昼夜飞行训练。飞行员刘某驾驶某型高速歼击机航行，顺利起飞后按照计划进行飞行训练。他在驾驶途中突然遭遇某不明飞行物，当他要将此情况汇报给地面时，发现无线电联络中断，且无线电罗盘失灵，这让他不得不选择中途返回。

事后他本人回忆道，本来起飞后，气象条件良好，飞行也很顺利。然而，22 时 4 分 50 秒，他从公会转弯后向土木尔台飞行 3 分钟时，耳朵里突然听到噪声，如同积雨云放雷电，塔台指挥员的声音变小变弱，无线电罗盘失灵。22 时 6 分 50 秒，距离商都 10 公里左右，他在无线电罗盘指示的方位上，发现地平线下多出一个明亮的物体，突然该物体射出一道橘黄色的光束，开始上升变亮。大约过了 30 秒钟，光束消失，一个橘黄色的球状体映入眼帘，乍一看就像圆月。

刘某感觉过了有 10 秒钟，球体突然高速旋转着向他而来，同时一圈圈的光环像波纹一般展开。他还能明确地分辨出波纹的颜色，从内向外颜色由深及浅，最中间的橘黄，而后浅绿，接着乳白色。飞行物的右下方有一条不规则的竖长形物，约 2 米长，颜色近似于绿，十分明显，他在 7000 米的高度上略微仰视才能看到顶端。

刘某于是将飞机升至 8000 米的高度，以避开这个物体，但在接近土木尔台时被迫返航。返航飞行 5 分钟时，物体中那个竖着的长条形突然消失，而他隐约看到自己的机身旁掠过几块不规则的黑影。10 秒钟后，消失的长形块又出现在原来的位置。当飞机返抵离机场 40 公里时，无线电罗盘指示和无线电联络恢复正常。22 时 36 分，刘某安全着陆。

当刘某与不明飞行物相遇的同时，空中另外 4 架飞机共 6 名飞行员分别在张北和怀安等地上空目击不明飞行物，无线电联络也都受到不同程度的干扰。但由于其飞行科目与刘某不同，而未能集中精力观察不明飞行物发展变化的全部过程。

而机场地面目击者也报告说于 22 时 10 分看到一个形似"钟罩"和"天文堡"的乳白色物体出现在张北以北的上空，像充气气球一样有节奏地、波浪式地向周围递增扩展。据称，这种扩展的速度比氢弹爆炸时升起的蘑菇云还要迅猛，一眨眼工夫就像一座大雪山矗立在空中，仰视才能看到顶端。整个物体呈白色，有光泽，边缘清晰明亮。后来整个物体由浓变淡，而后透光，至 22 时 30 分基本消失。

UFO 追击汽车事件

　　有时候，我们很难确定 UFO 出现在人类的视线究竟是出于什么目的，是为了恐吓击退，还是只是戏谑般捉弄一下。发生在澳大利亚悉尼的一件 UFO 追击汽车事件，让人们百思不得其解。

　　那天，住在悉尼的费伊·诺尔兹女士和她的 3 个儿子正驾车去帕恩。凌晨 5 时 30 分左右，正在驾驶中的诺尔兹女士发现高速公路的正前方出现一个巨大的发光体。她首先想到的就是避开那个发光体，儿子却提议搞清楚那个奇怪的东西是什么。于是，一家人开车接近不明发光体。

　　当距离越来越近时，一家人看清了其真面目，那是一个直径 1 米左右的巨蛋，稳稳地直立着，中心部分为黄色，周围则是白色，颜色和样子都非常奇特，他们从未见过这么怪异的东西。距离不明物体越来越近，费伊还听到这东西在发着嗡嗡的轰鸣声，她有些害怕了，于是没到达跟前就调转车头，准备逃走。

　　然而令人恐怖的是，那 UFO 竟追了上来。费伊将油门踩到底，车子立刻以 100 千米 1 小时的速度狂奔，可是那东西竟在一眨眼工夫就跟了上来，并且压住了汽车的顶篷。一家人吓得哇哇乱叫，但 UFO 并没被他们的鬼哭狼嚎似的声音吓退，他们甚至感到车身正慢慢向上提升。费伊壮着胆子摸了下汽车顶篷，能感到那东西散发的热度。"轰隆"一声，汽车被松开了，费伊和孩子们借着这个机会逃出车外，躲到路旁的丛林里。他们紧张地注视着那个蛋形 UFO，15 分钟后那令人恐惧的飞行物终于飞走了。

这时，他们才胆战心惊地回到车里，继续赶路。就在大家以为已经渡过这场危机时，UFO 不知何时又跟了上来。费伊不停地向对面开过来的车辆发出信号，但那些司机像什么都没发现似的飞快驶过。到了 300 千米开外的南澳洲塞杜纳时，他们终于停了下来，UFO 此时已经完全消失了。

4 人下车检查时，发现车顶四角已经瘪下去一大块。事后据调查，附近海域航行的船员们曾在他们遭遇 UFO 时看到过那个发光体。另外，还有一位叫萨根罗的司机在此前一小时也见到了那个不明飞行物。

这是一件与以往所不同的 UFO 目击事件。我们直到现在都不明白 UFO 追击汽车的目的是为何。难道只是为了比一比速度？可是这种差距不是明显的吗？只是为了好玩？大概外星人中也不乏调皮幽默的人吧！

无独有偶，在非洲丛林中，两位野外工作者也遇到过此类事件。那天，麦克默多和鲍勃刚刚进入丛林进行作业，就先后发现正前方赫然出现一个散射光芒的庞然大物。两人立即躲在树后面，惊恐地观察着对方。不明物体乍一看像个大圆球，但仔细看，它似有棱有角，周身发出白色光芒。正对着两人的一面看不到任何出口或舱门。底部有支架，使它得以稳稳地立在地面上。

正当两人看得出奇时，发光体好像发现了他们，底部立即探出一支闪烁着淡蓝色光芒的软管，直冲着他们伸过来，最后慢慢插入河中。鲍勃的右脚就踏在河水里，他立刻感到一阵剧痛，条件反射般立刻抽出了右脚，整个脚都变成了黑紫色，麦克默多吓得大叫起来。

当他们再看那发光体时，发现软管周围的水竟然在不断冒泡。二人立刻察觉到危险，于是麦克默多背起鲍勃就想跑，可他却莫名其妙地瘫倒在地，鲍勃也摔倒了，受伤的右脚让他疼得直叫。人类在生命安全受到威胁时，总能爆发无尽的潜能。麦克默多咬了咬牙，再一次背起鲍勃，这次他一溜烟跑出了100多米远，钻进车里。

两人丝毫不敢耽搁，立刻发动引擎准备逃离这里。然而，在返回的路上，他们发现自己被发光体跟踪了。一眨眼，那东西已经悬浮在他们的汽车上方了。这时，汽车突然熄了火，停止不动。麦克默多尝试着发动引擎，但车子纹丝不动。就这样僵持了一会儿后，那东西突然旋转起来，一拐弯消失在了天边。

事后回忆起来，两人都觉得自己当时真是丑态百出，就算UFO里面有什么东西的话，它们大概也并没有恶意，没准只是来看一看鲍勃因它们而受伤的脚。不管怎样，两人认为有幸目睹到这震撼人心的一幕。当然，除了恐惧之外，更感到迷惑。

UFO 骚扰客机事件

UFO不但喜欢追击汽车，更喜欢骚扰客机，大概由于民航客机不同于空军部队胆敢与之交锋吧！好在UFO似乎也没有什么恶意，大多只是进行同行和跟踪，没有过妨碍甚至攻击的举动。

1959年2月的一天，美国宾夕法尼亚州和俄亥俄州的6架民航飞机机组人员在飞行途中目击了 3 个不明飞行物。当时，美国航空公司 713 航班飞机正在空中飞行，机长彼得·基利安最先发现不明飞行物，它们正排成队列在民航班机的上方飞行。他还未来得及作出任何措施，就发现 UFO 队列中的一架突然离开编队，开始降低高度向飞机靠拢。为尽可能保证机乘人员的安全，基利安急忙命令驾驶员掉头返航。然而 713 航班还未来得及掉头，那架 UFO 却已经停止了下降，然后静静地悬浮在飞机前方，就好像在明目张胆地监视 713 航班。片刻后，它迅速升起重新回到编队。

机长这才长舒一口气，急忙撤回了掉头指令，然而正在这时，那架 UFO 再次出现在他们的上空。这次机长并没有慌忙下令掉头，而是静观其变，密切关注着对方的举动。这下，机组人员有幸看清了 UFO 的全貌，它比飞机大得多，全身发着银白色的光。双方僵持了一会儿，最后为了乘客的安全，基利安机长决定避开那个奇怪的物体。就在 713 航班准备掉头调整航向时，UFO 突然提升起来，再度回到编队，就好像它们能看穿飞机的一切动向，又不想冒犯这个同行者一样。

秘鲁的一架航空客机也有过类似的经历。那是在 1967 年 2 月 2 日 18 时整，DC-4 式客机从皮乌拉起飞前往首都利马，飞机飞至奇克拉约上空时，机长奥斯瓦尔多·桑比蒂突然发现飞机右侧多了一个不明发光体。当时正值傍晚，天色越来越暗，发光体则越发的明亮耀眼。当时这个不明发光体离飞机大概有几千米远，处在同样高度，在这个距离看不明发光体像个倒锥体。机长观察了一会儿，发觉那不明物体跟他始终保持着一定的距离，就像一名监视者一样。事后，奥斯瓦尔多·桑比蒂回忆道："它在飞机右侧飞行，一直与我们的飞机并行。但这并未持续多久，突然，它掉头朝我们飞来，眨眼便从飞机上方掠过。我注意到，在它飞近飞机时，一直发着色彩鲜艳的光芒，上部是淡蓝色光，下部是红光，当它从飞机上方掠过时，蓝光变成了红光，而红光则变成了橙光。我发现它底部的形状像漏斗一样。我估计，它上部最宽部位的直径有70米。"

当不明物体飞过后，奥斯瓦尔多·桑比蒂才想到要马上联络利马机场的塔台，但此时他发现机上无线电已经失灵，就连舱内的灯光也变得十分微弱。时间一分一秒地过去，但无线电没有一点要恢复的迹象，客机的处境越来越危险。就这样，一个小时过去了，当夜幕完全降临时，那架UFO终于结束了它的跟踪，无声无息地消失了。而DC-4式客机也奇迹般地恢复了正常，机长立即与利马取得联系，将这一情况作了个简要的报告。这时，舱内灯光也亮了起来，机组人员逐个安抚乘客的情绪。没料到，几分钟后那架UFO居然再次袭来，而且还带着一个跟它一模一样的"伙伴"。不过，这次它们像商量妥当一样，一闪即逝，没有再对他们进行跟踪。奥斯瓦尔多·桑比蒂机长于是见证了此生最为诡异奇妙的一刻，也经历了最为紧张激动的一次飞行任务。

登月途中险遇神秘UFO

1969年7月20日，美国"阿波罗11号"飞船承载着3位宇航员，首次登陆月球，这是人类历史上对太空探索的一大新突破。然而，鲜为人知的是，就在3位宇航员承载着人类梦想开始这次旅行时，藏匿在宇宙某处的不可预知的生命体或许正在悄悄关注着他们。

美国宇航员尼尔·阿姆斯特朗、布兹·奥尔德林和迈克·科林斯乘坐着"阿波罗11号"于7月16日发射升空。升空不久后，3位宇航员发现飞船后面突然出现一些"善良"的光球，这些不明飞行物在他们身后一路紧跟。3位宇航员均是首次登月，于是立即将这一突发情况汇报给美国休斯敦地面任务控制中心。美国国家航空航天局（NASA）作出的第一反应是：这很可能是苏联上演的一场好戏。有些官员甚至认为，苏联为了挫败美国的登月计划，用火箭秘密发射了"太空鱼雷"来跟踪"阿波罗11号"，试图让其在太空中炸毁。

如果这是真的，那么登月计划会不会顺利实施？NASA怀着巨大的恐慌与担忧密切关注着"阿波罗11号"，但直到3天后，什么也没有发生。可见，苏联并未对"阿波罗11号"实施任何破坏行为。难道，跟踪者不是苏联派出的，那又会是谁？出于什么目的？莫非与他们同行的是外星人？如果是外星人，这仅仅是一次善意的跟踪还是危险的预兆？3位宇航员同NASA一样忐忑不安，但只能按照既定计划向月球驶去。

美国时间7月20日，"阿波罗11号"终于有惊无险地登陆月球，宇航员通过直播向地球同步返回着信息："我看到许多小陨坑，直径从6米到15米不等。在离我们登月舱800米外的地方，有一些看似坦克留下的轨迹。"突然频道中传来一阵像是电锯的声音，NASA迅速切换了安全通信频道，同一时刻，月球上的阿姆斯特朗和奥尔德林清楚地看到3架直径15米到30米不等的UFO停在陨石坑的边缘。

3位宇航员对此十分震惊，但还是忍住了强烈的好奇心，继续讲话，而NASA则隐瞒了这一震惊人心的消息。多年以后，NASA前官员克里斯托弗·克拉夫特离任后，将当时后续的谈话内容披露出来：

　　阿波罗 11 号："那儿有些大家伙，不，不，不……那不是错觉，没有人会相信我们看到的一切。"

　　休斯敦："什么？什么？什么？到底发生了什么？出了什么差错？"

　　阿波罗 11 号："它们已经降落在了表面。"

　　休斯敦："那儿有什么？"

　　阿波罗 11 号："我们看到一些来访者，它们正在看着我们。"

　　休斯敦："重复你说的最后信息。"

　　阿波罗 11 号："我看到了其他太空船，它们排列在陨石坑的另一头。"

　　休斯敦："请重复，请重复。"

　　阿波罗 11 号："我的手在发抖，无法做任何事。拍下它们？如果这该死的照相机能拍下任何东西。"

　　休斯敦："控制，保持控制，那个巨大的隆隆声是 UFO 发出的吗？"

　　阿波罗 11 号："它们降落在了那儿，正在看着我们。"

　　不过，这些神秘的不明物似乎并没有恶意，很快它们便离开宇航员的视线，登月计划也得以顺利进行。

　　到现在为止，事情已经过去几十年，我们无法确定 3 位宇航员的遭遇是否属实，但相信随着科技的进步，我们在太空科学上也会得到越来越多的发展，迟早有一天，我们会拥有足够的力量来揭示一切真相和面对一切未知的恐惧。

菲尼克斯出现的神秘发光体

　　1997 年 3 月 13 日晚 8—10 时，美国亚利桑那州菲尼克斯东边山头上空突然出现了 5 个白色光点，这 5 个光点排列成回旋镖的样子，一边微微倾斜，一边往东南方向缓慢移动。当它们穿过月亮时，月光仍能透过飞行物，可见它们是半透明的，而且整个移动的过程悄无声息。之后，这群神秘发光体在晚上 10 时又出现在菲尼克斯东南的基拉尽头的上空，数千人看到了这一幕，还有目击者进行了摄影。据报道，这一发光体群的直径据推测有 1.6 千米，颜色有琥珀色、黄白色和蓝白色等。到了晚上 10 点半，从菲尼克斯的图森直达内华达州的亨德森，大约在 480 千米的范围内，许多市民都目击到了排列成巨大的 "V" 字形的发光体群。

　　事后，科学家对一些目击者进行了调查，其中一位说当晚他看到了神秘飞行物的全貌，机身呈扁平形，底下有 5 个巨大的发光点。它就在他的头顶上空缓慢飞行。据目击者称，该物体飞得很低很慢，两翼都快要撞上山口了。于是，科学家对这位目击者家附近即山口附近利用激光扫描，发现两个山口距离约 470 米，而不明飞行物快要撞上去了，可以推测，这个物体宽度约 460 米，相当庞大。

　　如此庞大的飞行物是靠什么动力飞行的呢？不管用什么动力，以人类现有的科学水平来看，似乎都无法达到悄无声息地缓慢飞行。

　　另外一名目击者则说，这个庞大的飞行物原本是缓慢飞行的，可是突然5个发光点由白色变成了红色，半秒钟后便以光速飞行，而后消失不见了。这更让科学家们疑惑不解了，究竟是什么力量使得它能瞬间提速，又是怎样一下子飞离人类视野的呢？

事情发生不久后，警察局、消防队、新闻社、电视台收到许多目击者的报告。事件立刻传遍美国，并引起了骚乱，骚乱的来源是多数人怀疑那巨大的飞行物很可能是侵略地球的宇宙母船，当然也有较冷静者说也许是五角大楼的秘密兵器。总之，围绕这一神秘发光体，人们争论不休。

不久，军方发言人站出来对此事件作出声明，称那只不过是照明弹。按照军方的说法，事发当天，在亚利桑那州以南沙漠地带的鲁克空军基地，正进行着一场飞行训练，名为"斯诺巴德作战"，训练中使用了照明弹。可是，如果是照明弹的话，应该是慢慢向地面降落，而不是向侧面移动。

另外，有人对拍摄到的发光体进行了光谱分析，结果表明那不可能是照明弹。而且，目击者拍到许多菲尼克斯发光体的录像及照片，这些都证明发光体出现的时间比实施飞行训练的时间要早。另外，有人用双目望远镜进行观察，确认发光体是附着在巨大的物体下部的，不可能是照明弹。

据UFO研究者杰弗·威勒斯称，早在菲尼克斯发光体出现前，他就在菲尼克斯上空发现了两架球形UFO。那两架球形的UFO悄无声息地从云间出现，一直在高空中保持不动，闪烁着光。不久，其中一架开始移动，另一架也随即跟上，往云中飞去了。

这件事后，菲尼克斯又曾出现过被称为第二、第三菲尼克斯发光体的目击事件。2005年5月12日，有人在菲尼克斯拍摄到UFO，其发光体排列成圆形。2006年6月27日，有人拍摄到在巨大的棒状的UFO

上连接着发光体。尽管人们对这些目击事件感到迷惑，却有一点是可以肯定的，那就是菲尼克斯是美国 UFO 目击事件的多发地带。

2007 年，在菲尼克斯发光体出现的第 10 个年头，菲尼克斯的居民们纷纷向电视台、无线电台以及警察局打电话报告，天空出现了 UFO 编队。FOX 电视台接到通报后，立即派出采访人员乘直升机赶到现场进行拍摄。随后，人们通过电视看到夜空中浮着 5 个发光体，呈三角形或"V"字队形，5 分钟后整个队形消失不见。

而后电视采访人员称他们离发光体实在太远了，虽然当时很想跟进拍摄，但不能，因为发光体出现的位置是在军方禁飞的区域。尤马海军基地当局随后发表了以下的声明："这个琥珀色的发光体，是在科德沃特发射基地伴随实施飞行训练的照明弹。"然而，这个说法根本无法令人信服，因为人们很快想起了 10 年前也曾发生过同样的事情。

有人提出，那可能是一幅全息投影图。如果是一架飞船的话，那么驾驶它的是谁呢？不可能是人类，人类还无法达到以光速飞行。那么会是外星人吗？可是也没有什么能佐证的。无论是 10 年前还是 10 年后，它仍旧是个谜。

深入地球的神秘"黑衣人"

在人们津津乐道的电影《黑衣人》里，"黑衣人"戴着墨镜、一袭黑衣的形象得到众多观众的喜爱，同时也引来人们众多的猜想：是否真的有这样一群神秘"黑衣人"在管理着地球上的外星人，或是他们本身就是外星人呢？事实上，早在电影上映之前，这些"黑衣人"就已经引发了众多关注。

一开始，"黑衣人"总被人们联想成披了黑衣或戴了面罩的劫持者，但众多伴随"黑衣人"出现的离奇事件让人们不能将他们归类于普通的劫持者，他们的目的似乎是毁坏或消灭一切与人类认识外星文明有关的证据。恐怕，一直以来人们对于外星人的一切，之所以只能目击和猜测却无法掌握有效证据，其罪魁祸首就是这群神秘的"黑衣人"。

1973 年，美国的《宇宙新闻》杂志发表的一篇研究"黑衣人"的专论引起了广泛的反响。文中引用大量事实证明，"黑衣人"在地球上的存在可以追溯到很远的过去。同时作者又指出，或许我们的祖先对于外星人总是抱有迷信的态度，才使得它们现在能肆无忌惮地影响和威胁我们。

关于这群"黑衣人"，被人们形容成外星人派遣到地球的一支"第五纵队"：他们大多是彪形大汉，身穿黑色制服，"娃娃脸"又似"东方人的脸"。通常情况下，他们遇到人时总要详细盘问，而后把人身上有关他们的记录、底片、照片、分析结果、飞碟残片等统统拿走。甚至，"黑衣人"为了达到他们的目的，会不惜向人类施加心理压力，更严重的话还会对人类实施凶杀行为。虽然这种情况是十分罕见的，但我们也不能轻易地否认它的存在。

有人把"黑衣人"说成是美国中央情报局的特工人员，这种假设曾一度流传，加拿大杂志《魁北克 UFO》的一期中就有一篇题目是《"黑衣人"与中央情报局》的文章，文中指出，"21 年来，中央情报局一直深深地插手于飞碟问题""为了让目击到飞碟的人们说出实话，中央情报局用过黑衣人这种手段"。作者还指出"在世界各地流传的有关飞碟的书籍中，我们看到了许多'黑衣人'的案例。他们被目击者碰到，使用各种方法威胁目击者，然后毁掉一切证据，并且'黑衣人'经常不会出现在同一个地方"。

1978年，英国潘塞出版社出版的《宇宙问题》一书的作者约翰·A.莫尔则对以上报道作出批评指正："黑衣人"早就已经出现在人类社会了，只是因为人类的知识水平而对他们有着不同的看法，于是先后曾把他们误认为"耶稣会会员""共济会会员""国际银行家"以及最近的"中央情报局特工人员"等。这样看来，这些"神秘人"早在这一情报机构创立之前就已活跃在地球上了，仅此一点就足以表明"黑衣人"是中央情报局人员的假设，是站不住脚的。

黑衣人的真实身份是什么，或许我们很难得知，但他们的确与外星人来往密切，这一点毋庸置疑。1897年，美国堪萨斯州曾有人看见一个"黑衣人"拿走了地上的一块金属板。不久，一个飞碟在此飞过，丢下一个东西，正是那块被"黑衣人"先前拿走的金属板。美国新墨西哥州圣菲市以南的加利斯托·江克辛村也发生过一起同类事件。1880年3月26日，有4个人看见一个鱼状"气球"在他们村子上空飞过。突然"气球"上掉下来什么东西，他们赶紧跑过去看，原来是一个瓦罐般的刻满了潦草难认的象形文字的东西。目击者于是将东西送到一家商店展览，几天后，一个自称收藏家的人用高价将其买走。此后，就再也没人提及这个瓦罐了。

在《不明飞行物：虚幻还是现实？》一书中，作者艾伦·海尼克博

士也写到了"黑衣人"的例子,但他没有用这个名称。书上是这样写的:

这件事一共有4个见证人,其中两人在军事安全部门供职,一旦泄露自己的身份和姓名,他们的就业就会受到严重的威胁。那是在1961年11月的一个寒冷夜晚,天空中飘着雪花,4个人在美国北达科他州看见了一个明亮的飞行物,停在一块空地上。起先,他们以为这个飞行物发生了故障,于是就把车停在公路旁,然后爬过一道篱笆,径直朝飞行物跑去,近距离观察后他们震惊不已,围绕在飞行物旁边的根本不是人类。那些不明生物也看到了他们,开始向他们打手势,像是让他们赶紧离开。这时,其中一个目击者也许是受到了太大惊吓的缘故,突然拔出枪扣动了扳机,那个打手势的生物立刻应声倒下,像是中了弹。飞行物立即起飞,不见了踪影,4个人则吓得拔腿就跑。

第二天,4个人声称谁也没有把这件事声张出去,可是却有人突然找到了他们,将其带到一些陌生人跟前。这些陌生人要求到他们家里去,然后在他们的家里翻来覆去地检查昨天夜里的衣服,特别是仔细检查了他们的鞋子,然后一声不吭地离开了。之后至今他们也不明白究竟是怎么一回事。

虽然书中没有提到"黑衣人",但从对这些"陌生人"的描述中,可以肯定他们就是"黑衣人"。

另外,"黑衣人"还经常出面警告和威胁一些飞碟研究者,甚至一些研究者在见到他们之后便神秘失踪或去世。两名蜚声世界的飞碟研究家H.T.威尔金斯和弗兰克·爱德华兹正要宣布重要发现时,却都在异常情况下猝死。

　　著名英国《飞碟杂志》的创办者维尼·格范先生因患癌症于1964年去世。虽然他的死并没有任何蹊跷的地方，但格范一生十分谨慎收藏着的一大批有关飞碟的材料却在他死后消失得无影无踪。

　　这些"黑衣人"还喜欢冒充美国军官，很多目击过飞碟的人都有过被这样的人警告和威胁的遭遇。当目击者谈论起他们时，都会说他们长着一张东方人的脸，比一般人身材高大，坐着车牌罕见的黑色车子。有目击者曾向军事当局提出抗议，但他们却回答对此事一无所知。

　　他们究竟是什么人呢？他们的目的又是什么呢？全世界的飞碟学者都在思考着这些问题。如果"黑衣人"是外星人，那么他们究竟是出于什么目的才威胁这些飞碟学者呢？如果这些外星人可以自由地穿越星际，他们又有什么理由害怕自己的行踪被发现呢？毕竟，以人类的智慧根本无法进行星际飞行。难道外星人已经在地球建立了基地，或是在基地留下了一些人负责监视我们的地球。如果是这样的话，我们是否该反思下自己呢？长久以来，我们是不是只把眼光放在外太空，从而忽略了对地球本身的探索呢？

［ 人类与外星人接触事件 ］

外星人来到地球也许并非"观光旅游"，

有些人不仅亲眼见过UFO，甚至还和外星人有过接触……

带回家的神秘客人

在俄罗斯乌拉尔地区基什蒂姆镇，有一个名叫卡里诺夫的小村庄。那是在 1996 年，这个不起眼的小村庄突然成为众人瞩目的观光景点，原来这里来了一位神秘的外星来客。

这位神秘的客人最先是被一位老太太发现并带回家的。据同村人的描述，这位客人只有 25 厘米高，脑袋像个洋葱头，没有耳朵，眼睛非常大，几乎占据了大半张脸，嘴里发出"吱吱"的声音。可惜的是，老太太小心翼翼把它带回家后没过多久，它就死了。一组俄罗斯科学家来到基什蒂姆镇希望能研究一下这位神秘来客的尸体，然而老太太在一场车祸中不幸身亡，而神秘生物的遗骸竟也不知所踪了。

科学家们失望而归，但不久后有人报告说找到了那具尸体。原来，基什蒂姆镇的警官本德林逮捕了一名涉嫌盗窃电线的嫌疑犯，嫌疑犯随身携带着一个包裹，里面就装着那具奇怪生物的尸体。

尸体小小的，呈木乃伊状。当地医院泌尿科医师乌斯科夫检查后认为，这具生物遗骸和 20 周的人类胎儿一样大。紧接着，妇产科医生艾莫拉耶娃检查后认为，这具尸体可能就是未发育成熟的早产胎儿或流产胎儿。鉴于两名医生的鉴定，当地警方于是认定这不过是一起非法流产案。

本德林警官认为事有蹊跷，于是决定请医学专家再进行一次尸检，确定它到底是死产胎儿还是人流的胎儿。最后基什蒂姆镇医院疾病解剖部主任萨摩希金负责对神秘生物进行彻底的尸检。令人吃惊的是，检查的结果出乎所有人意料。萨摩希金宣称，它既不是人类的尸体，也不是动物的尸体，而是一种新的生命形式的尸体，不是地球上任何已知生物。

萨摩希金博士说："这个生物绝对不属于人类，它的头盖骨比人类少了两块，此外其他的骨骼结构也和人类有所区别，这些差异并不像是先天畸形。"此后，俄罗斯科学家先后对这具神秘生物尸体也进行了5次 DNA 鉴定，希望能查出真相。然而发言人切尔诺布罗夫说："我们从这个生物的 DNA 样本上发现了一个基因，它和人类或类人猿的基因完全不符。目前，我们的实验室中没有找到任何和它相配的基因。专家们此前从来没有见过这种 DNA 分子。"

这件事后来被传得沸沸扬扬，尽管当时很多人都倾向于认为这个奇怪的生物体是外星生命，但也有人认为它可能只是一个受到辐射而产生畸变的早产儿。这是因为乌拉尔地区在苏联时期是重要的核工业基地。长期以来，大量放射物质被排放到大气中，严重影响了当地的生态平衡和居民健康。

不过，也有专家针对这种说法提出了质疑。他们认为这个神秘的生物的确属于畸形，但这种畸形变化并不是因为外部环境，而是数百年基因变化在个体生命中的突然而集中的表现。

不可思议的外星人绑架事件

目击 UFO 对于地球上的我们来说，似乎已经不是什么新鲜事了。然而，地球人与外星人的接触仅限于目击吗？外星人乘坐不明飞行物不远万里来到我们的星球又是出于什么目的呢？

一位研究 UFO 多年的荷兰科学家史信尔博士爆出惊人消息，称每年地球上都有上万人神秘失踪，而这些人大都被外星人掳去了。巴西科学家卡罗斯·狄米罗博士曾向新闻界爆料，说他在巴西亚马逊河发现 600 名曾被外星人绑架的男女。当时他正在巴西与玻利维亚边界以北的森林进行科考，发现一群人聚居在一起，并自称遭到外星人的绑架。更令人吃惊的是，他们说自己被外星人用飞碟劫走后带到另一个星球，在那里，他们被当成奴隶一样整天做苦工；有的负责收听来自地球的无线电信号；有的外星人将他们视为怪物，对他们进行拷打，数十人的身上都留着伤痕。然而，当被问及外星人的特征及那个星球的情况时，他们却不敢吱声，说曾受到外星人的严厉警告，若是透露半句，会遭到杀身之祸。

或许这样的集体绑架太令人震惊，多数人对此难以相信，然而无独有偶，一位南美洲阿根廷亚布兰加市的男子就经历过一次触目惊心的被绑架事件。1975 年 1 月 5 日，28 岁的狄亚思于凌晨 3 点结束了餐厅的工作，手提装着工作服的手提包，腋下夹着刚买的报纸，像往常一样搭乘巴士回家，大约 30 分钟后到站并下车。

附近漆黑一片，狄亚思加快了往家走的脚步，然而就在走到距家约 50 米处，一道闪光突然照亮了周围。怎么会有闪电？正当狄亚思诧异地停下脚步环顾四周时，突然一道圆筒状的光由上方垂直照射下来。

狄亚思吓得想拔腿就跑，可发现身体却僵硬得无法动弹，这时耳边传来一阵蜜蜂般的嗡嗡声，接着他发觉自己正慢慢升上天空。他想大声尖叫却发不出一点声音，而后便不省人事了……

当狄亚思醒过来时，发现自己一丝不挂地仰面躺在床上，与其说是床倒不如说更像手术台。他开始环顾四周，发现这是一间奇怪的房间，呈半球形，好像倒过来的碗，直径有 2.5 米，高约 3 米，墙壁是半透明，像塑胶一般。房屋内没有照明器具和任何机械装置，却通明一片，好像是墙壁散发出淡淡的光……地板上留有一些孔，像是流通空气的地方。

这时，狄亚思才想起自己刚刚所经历的可怕一幕，立刻意识到自己可能被劫持了。正当他吓得瑟瑟发抖时，3 个像人类又不是人类的奇怪生物悄无声息地进入室内。当狄亚思看清它们的真面目后，差点吓得昏过去。它们虽然看着像人，但头上没有头发，也没有眼睛、鼻子和嘴巴，头与脸是绿色的，身高大约 180 厘米，但脸孔只有人类的一半，身穿乳白色、像是橡胶制的罩衫，身材瘦高，有两只手臂，但没有手指，前端圆圆的，像木棒一样，令人作呕。更加奇怪的是，它们的皮肤都是光滑的，一根毛也没有。

狄亚思睁大眼睛望着它们，真希望自己看到的是幻觉，然而 3 个怪物却真实存在，而且其中一个还走近他，伸出那野兽般的手臂。狄亚思以为自己死定了，害怕得嘶声裂肺地吼叫，但最后它们只取了他的一根头发。长舒一口气的狄亚思心想自己总算是得救了，然而它们又开始取他的头发，并且不断重复这个动作。狄亚思想反抗，却不知为何全身僵硬，一点儿也不听使唤。虽然那些怪物只是在他头上轻按一下就能取下头发，他也并不觉得痛，但过了一会儿，它们又开始取他的胸毛，还缓缓绕着床边移动，像是在观察他。

这种感觉实在令人不舒服，正当狄亚思以为自己就要被杀掉时，他再度陷入了昏迷。当他再度恢复意识时，发现自己躺在草地上，阳光普照，汽车的来往声传入耳内，狄亚思扭头一看，发现自己躺在高速公路的旁边，他完全不认识这里。

恍惚间，狄亚思突然不知道发生在自己身上的事件是真实的还是幻觉的，只是记得自己失去意识时是凌晨 3 点多，而现在却是阳光普照。狄亚思连忙看了一眼手表，时间停在 3 时 50 分。突然，他感到一阵作呕感，随后倒在地上。

不久，一位开车经过的男子发现了狄亚思，便送他到布宜诺斯艾利斯的中央铁路医院，狄亚思这才知道现在已是早上 8 点。

经过初步诊断，医生认为他是头部受到严重撞击而发生了记忆错乱，因为照狄亚思的描述，他一开始昏迷的地点距被人发现的地点相隔800 公里，而且他的叙述更是荒谬绝伦。

接下来，狄亚思受到医院 46 名医师长达 4 天的轮流询问和检查，发现他有多根毛发与胸毛脱落，另外他还有头晕目眩、胃肠不适、食欲不振等症状。医生们对他的大脑进行彻底检查却未发现异常。

据称，这种被劫持后与外星人发生身体接触的人不在少数。住在美国纽约郊区的哈德逊也曾遭到过飞碟劫持，外星人对他进行了各种身体上的检查和测试，最后还在他的额头里植入一个小圆球。然而，根据我们地球人的技术，用 X 射线是无法发现小圆球的，但采用磁力图像就能很容易地发现。

1971 年，美国俄勒冈州的一位妇人在睡前突然感到头盖骨产生奇异的感觉，像是在被人动手术，她甚至能感到有什么东西被植入了自己的头盖骨。只可惜，她马上又失去了知觉。事后，她接受了催眠，发现自己的确被动了手术，外星人在她的脑中放入了一个宇宙无线接收器。

看来，外星人穿越星际来到地球，并非只满足于对地球以及人类的远距离观察。在我们对其进行种种猜测和调查时，它们也在对我们进行着种种窥视和研究。

胆战心惊的帕斯卡古拉事件

1973 年 10 月 11 日，美国密歇根州东南部的帕斯卡古拉城发生了一起离奇事件。一共 15 人，其中包括两名警察，看到一架银色飞碟在空中飞行，其中有两名目击者讲述了他们的离奇遭遇。

当天晚上 21 时左右，帕斯卡古拉城造船厂的主任希克森和同事派克到河边一处废旧的造船厂钓鱼。正当希克森准备换鱼饵时，忽然听到一阵像是金属声的异响，并感觉这声音很快出现在他身后不远处。他转身一看，发现一个青灰色的长圆形物体正悬浮在离地面约 60 厘米的河岸上空。

希克森回忆道："那是发出青色亮光的太空船。令人吃惊的是那个东西没有门，却有 3 个像人一样的生物走出来，我们被吓得僵在那里。"派克则回忆道，该不明物体呈灰色圆顶橄榄球的形状，一直嗡嗡作响，长度在 9—12 米，高度约为 3 米，有一辆大型卡车那么大，飞行物机身上则有两个大大的发着蓝光的东西。

正当两位目击者被眼前的景象吓得瞠目结舌之时，3 个不明生物将他们抬进了飞行物内部。其间，希克森感觉全身上下像被禁锢了一样，只有眼珠还能转动。在他上方 25 厘米处，一个眼睛大小的圆物正在盘旋回绕，像在给他做全身检查，而派克则在另一间屋里昏迷不醒……大约 20 分钟后，两人又躺在了地上。当他们努力睁开眼时，却看见那架不明飞行物正腾空而起，转眼便消失了。

据希克森回忆，将他们抬进飞船的不明生物大约高 150 厘米，没有脖子，皮肤呈灰色，有皱纹，耳朵非常小，眼睛像眯起来一样只有一条裂缝，尖尖的鼻子下面有个像投币孔的开口，手指像螃蟹的爪子，腿脚连在一起，有点像大象的脚，没有脚趾。当它们给希克森进行检查时，其中一个发出了噪声，像机械声。当问及希克森是如何失去行动力时，他说它们用手触摸他时，他感到有些刺痛，之后就麻木瘫痪了。

希克森发现自己回到地面后，肢体仍是麻木的，他看到派克一个人站在码头前，脸上露出恐惧的表情，一动不动。希克森双腿无力，于是爬向派克跟前，将他唤醒。派克回过神来后大声哭泣并一个劲儿地祈祷。

惊魂未定的两人商议后尝试要打电话给基斯乐空军基地，但基地人员却告诉他们不明飞行物的报告已经与他们无关，因为当时美国政府针对不明飞行物的蓝皮书计划已经在 4 年前停止。两人只好跑到警察局，当时已经是晚上 11 点多了，值班的警长戴蒙在听了两人的描述后，认为只是他们搞的恶作剧，不过还是按照规定，用录音机记录下了他们经历的全程讲述。媒体报道这件事后，美国空军 UFO 调查机关的两位博士对两位目击者分别使用了测谎器与催眠术，想验证他们不同寻常的经历究竟是编造的还是确有其事。

很快，两位博士的调查结论出来了：虽然难以置信，但两人确实经历过十分恐怖的事情。

巴西图书馆馆员奇遇神秘"劫持者"

UFO 似乎并不只偏爱美国，在巴西也留下过许多足迹，其中值得一提的是 1973 年一个图书馆馆员与 UFO 的奇遇。

1973 年 5 月 22 日凌晨 3 点，天下着雨，巴比罗正开着车子往家赶。他清楚地记得，当时的车速保持在每小时 90 千米，噼里啪啦的雨声让他烦躁不堪，于是打开了收音机。当汽车接近一个小山坡时，收音机突然没有了声音。他试图进行调试，于是将收音机关了开，开了又关。就在同时，车子发动机的响声竟也慢了下来。巴比罗认为是上坡的缘故，于是立即换成了二挡。

就在这时，他突然看见车里有一束明亮的圆形蓝光，直径大约有20 厘米。难道是月光？这束奇怪的光并不是由外面一下子射进来再消失的，它就那样停留在车里，然后缓缓地移动，掠过他的工具箱、座位、手提箱、车顶和他的双腿。更令人吃惊的是，借着蓝光，他竟看见了被隔开的发动机。巴比罗吓得将车子停下，因为他突然想起来外面正下着雨，这是哪里来的月光呢？

正这样想时，突然另一道蓝光从上坡那头照向他，而且越来越近、越来越明亮。他以为是一辆车正迎面驶来，于是赶紧把车子移到路旁。可是，对方似乎仍不顾一切地迎头驶来。巴比罗觉得对方来势汹汹，于是急忙俯下身体，抱住了头。

就这样在车里待了一会儿，直到发觉对方并没有经过，他才直起身来。他看到车外约 15 米远的地方悬着一个离地面 10 米左右的物体。是直升飞机吗？他心里想着，突然感到空气闷热，令人窒息。于是他走到车外，却发现外面同样闷热。

当巴比罗抬头向上看时，才发现那根本不是什么直升机，而是一个从来没有见过的奇怪的东西，就像两个隆起的盘子，约有 7.5 米厚、11 米宽，表面呈黑灰色。"盘子"的内部异常明亮，却看不到光源。

令人窒息的闷热感越来越重。然而，他发觉似乎正有一个"透明的布幕"由右至左将那物体包围起来，当完全包围住后，闷热的感觉突然消失。同时，有一根"管子"正从物体的底部伸向地面。

巴比罗突然嗅到一种危险的信号，于是撒腿跑向树林，足足跑了30 米远。这时，他像是被什么东西抓住了背，无法再前进。他吓得竭力挣扎，却无能为力。可是当他回头去看时，背后根本没有什么东西，只有那个物体和"蓝色的光柱"。当光柱碰到他的车时，奇怪的事情发生了，他看清了车子内部的一切。

他再也无法思索，如此的惊吓使他昏了过去。当他被人发现时已经是一个小时以后的事情了。由于巴比罗是脸朝下趴在雨地里，车子在离他不远的地方，又敞着门，开着灯，发现他的人唯恐是谋杀案，便直接报了警。

直到警察赶到现场，巴比罗仍旧无知觉地躺在雨地里。警察发现巴比罗的车前散落着一张巴西北部公路地图。车内，巴比罗的手提箱被打开，里面的支票、相片、公文等散落在车内，巴比罗身上没有任何伤痕。

当巴比罗清醒并镇静下来后，他将发生的事告诉给了警察，并确认手提箱本来是锁着的，而钥匙一直在他的口袋里，东西不可能自己散落出来。可是他并没有丢失任何东西，车子也完好无损。

下午，巴比罗被送往医院时，感到后背和臀部轻微发痒。第二天，发痒的地方皮肤开始出现不规则却无痛感的紫色斑点，不久之后斑点变成黄色，像是瘀伤的样子。

很快，医生对巴比罗进行了精神鉴定，认为他的心理状态和环境适应能力都十分正常。经过一系列的化验和分析，斑点没有任何异常，巴比罗的脑电图也正常。之后，医生又对巴比罗进行了催眠实验，证实了在他身上确实发生了奇怪的事。

被外星人劫持后的奇妙变化

1990 年 7 月 16 日，开罗大学举行了一次奇特的新闻发布会，会上介绍了一名自称遇见过外星人和飞船的埃及青年，并发布了对该青年进行的一系列化验和检验结果。这立刻引起了世界 UFO 研究者的关注，因为这是埃及首例不明飞行物的报告。

这名埃及青年名叫克里姆，27 岁，是电力学院的毕业生，也是个马拉松爱好者。据称，1989 年 10 月的一天，他为了马拉松赛事进行训练，正跑步穿越艾斯尤特沙漠的神庙山。那是清晨时分，他已经跑了一半的路程，突然听到一阵尖啸声，并且越来越尖锐，他有些害怕，但没有停下来。

当他跑到一座沙丘顶部时，他看到一个金光闪闪的东西正向他靠近。更加奇怪的是，当这个形如球状飞船的东西靠近他时，他感到身体轻飘并被带入飞船。年轻人吓得不知所措，想要挣脱却发现身上没有丝毫力气。他睁大双眼，看到眼前是密布的线路管道、五彩灯和按钮、电视屏幕。不久，他的眼前出现 3 个他从未见过的生物，它们长腿短臂，头小颈长，脸色暗绿而起皱，各长了 3 只眼睛。其中两个离他约有 4 米的距离，剩下的一个则慢慢向他靠近，拿一架录像机似的仪器放在他右手上，他看到自己的手骨立刻显示在四周的屏幕上。不明生物又将一根玻璃管似的东西塞入他口中，他却因紧张和害怕而咬碎了那东西。不明生物面面相觑，一言不发。之后他被带到另一间房间，接受着各种仪器的检查。最后，它们仿佛释放了他，他的身体也有了知觉，它们让他沿着一束强光走，忽然强光消失，他发现自己已躺在沙地上，而那圆形飞球早已无影无踪了。

这之后，克里姆发现自己的身体似乎产生了一些微妙的变化，比如他到开罗的亲戚家后发现，他一靠近电视，图像就会受到干扰并消失；当他离开，电视的画面就会恢复。更让亲友惊异的是，克里姆喝完茶之后，竟若无其事地将玻璃杯嚼碎并咽下。除此之外，他还能毫不费力地咀嚼吞食木头、金属和硬币。

克里姆的事情曝光后，美国某大学理工系主任赛弗立即成立调查组找到克里姆，对他进行检查，并将整个过程摄录下来。然后，他们又对克里姆被掳走的地方进行实地测量，并未发现任何有关飞碟的痕迹，但该处的射线量明显要高于周围。而克里姆的身体检查结果也表明，他的身体、智力没有任何异常。

这让一些学者认为，克里姆身上的确发生了不可思议的外星人劫持事件。

不过，另外一些心理学家则提出了不同的观点，他们认为克里姆本身就有吃硬东西的特异功能，而他也从各种渠道掌握了一些外星人和飞碟的知识，再加上他的脑电图有些异常，儿时又得过癫痫病，这些因素加在一起是不是说明他只是精神分裂，错把幻觉当成事实了呢？

森林管理员与外星人的神秘邂逅

我们偶尔会幻想自己的一生中是否会有一场浪漫的邂逅，于是有了牛郎织女这样凄美的神话，然而当邂逅突如其来时，或许你会发现这并不浪漫，反而有些恐怖。1980 年 1 月 7 日下午，两名苏联林场管理员在苏联与芬兰交界的山林中巡查，就遇到了一场致命的邂逅。

那天，两人正在山中巡查，突然看见一架银光闪闪的球形飞行物体悬浮在积着白雪的山坡上空。那物体没有窗户，没有门，甚至没有接缝，完全是浑然一体，并且闪闪发光。

38 岁的艾柯和 36 岁的沙维在这片山林中工作了几十年，熟悉山林的各种情况和景象，却从未经历这样的奇遇。正当两人异常惊诧时，圆球从底部伸出来一支圆形的支柱，树立在雪地上，并慢慢着陆。圆柱里走出来一个不足一米高的人，全身穿着深绿色的紧身衣服，衣服闪闪发光，没有太空头盔，手戴白手套，肩部很窄，两手细小，跟小孩的手差不多大。这人面无表情，行动不太灵活，像机器人一样，脖子上挂着一架像是单筒望远镜的东西。

那人径直向他们走来，林管员吓得举起雪橇板指着那怪人，两个人慢慢后退，怪人突然取下挂在颈上的圆筒向他们一指，射出一束强光，两人躲闪不及，立刻失了明，而后失去了知觉。奇怪的是，等他们苏醒过来，视力恢复了，那怪人已经不知所终，巨大的金属球已经飞上高空，而后消失在一团红光云雾中。

后来，两人到当地就诊，医生诊断两人为辐射所伤。医生将这一情况报告给了当局。据称，有关部门认为此事可信，因为据他们监测，外太空飞碟与外星人曾光顾过一处名叫克斯坦加的山林雪地。

法国人与外星人的浪漫奇遇记

大部分与外星人的邂逅似乎都萦绕着一种神秘而恐怖的气氛，而事实上也不乏一些牛郎织女般浪漫的邂逅。谁说地球人不能跟外星人做朋友呢？

法国人天生浪漫。1973 年 12 月 13 日，一位名叫克劳德·佛里洪的法国人就经历了一场浪漫的星际邂逅。以下便是克劳德·佛里洪的叙述：

那天清晨，我独自驾车前往克里孟菲尔的火山地带，火山四周烟雾笼罩，衬得天空苍白阴霾，虽然空气依然新鲜，但我不知是否可以继续前进。于是，我停下车，驻足瞭望。阳光柔和，如同瀑布般泻下，沐浴着脚下这片几千年前因火山爆发而生成的土地。

正当我感慨万分时，突然浓雾中射出一道红色光芒，而后又迅速消失，紧接着一架像直升机的物体迅速降落。可奇怪的是，它并未发出任何声响，或许是热气球？正当我猜测时，这庞然大物已经降落到离地面只有 20 米的高度，因此露出了清晰的轮廓，那可不是什么热气球，而是传说中的飞碟。

飞碟直径 7 米，底部扁平，顶部为圆锥形，高约为 2.5 米，底部有强烈的红光，一闪一闪地探照着地面，顶部则散发着美丽的白色光芒，十分刺眼，逼得我根本无法直视。其间飞碟仍在下降，直到离地面 2 米时停止下来。

奇怪的是，这场面似乎并没有让我感到多么害怕，而是惊奇之余充满了喜悦和幸福感，以至于我激动得全身无法动弹。可惜的是，我并没有带摄像机，而不能将这奇迹的时刻记录下来。

这时，飞碟的底部打开了，一道楼梯垂了下来，随之出现的是两只脚尖，然后是双腿，当它露出全身时，我清楚地看到那是一种身高不到 120 厘米、像孩子一样的奇妙生物。它站在 10 米以外，眼睛细而长，有着黑亮的长发，下颚长了粗黑的须，头上笼罩着一圈不可思议的光芒。这天外来客像是穿着透明的潜水衣，能看到它发白又微微带绿的皮肤。我无法确定它露出了什么表情，但我能深切感觉到它的态度是友善的。

于是，我问道："你从何处来？"

它竟作出了回答，声音强而有力："我从很遥远的地方来……"

"你会说地球人的话？"

"我会说地球上的任何语言。"

"你是从其他行星上来的吗？"

"是的。"

随着对话的深入，它越来越靠近我。

"你是第一次来到地球？"

"不是。"

"你常常来这里？"

"常常……用此种形容词尚无法完全表达。"

"来地球有重要的事吗？"

"这次是为和你谈话而来。"

"和我？"

"是的。克劳德·佛里洪先生，我是为了《赛车》杂志编辑和两个孩子的父亲而来。"

"你认识我？"

"我很久以前就开始观察你了。"

"为什么？"

"我会告诉你。对了，这么寒冷的早晨，你为何到这个地方来？"

"只是随便走走"

"你常来这里？"

"夏天常来，冬天来得很少。"

"那今天为何来的？只为散散心？"

"不是，早上醒来自然来到这儿。"

"那是因为我想见你，相信心电感应的超音波吗？"

"是的，我对飞碟方面的消息非常关心，但未曾亲眼见过。"

"是的，为了让你来到这儿，我使用了心电感应的超声波，有许多话想跟你说。你阅读《圣经》吗？"

"是的，为何这么问？"

"你所读的《圣经》是否很早以前就有？"

"前几天才买的。"

"那是为什么？"

"我也不明白，只是突然兴起。"

"那也是我的心电感应使你购买的。我想对你说的话很多，是因艰难的使命而选择了你，请进太空船，让我们畅谈一番。"

于是，我跟着它从太空船的底部进了舱。船舱并没有合住盖子，舱内却非常暖和。舱内没有灯光设备，却十分明亮。舱内看不到任何仪器，地板是蓝色无光泽的合金做成的。我所坐的椅子非常舒服，是用单一的材料做成的，无色透明，十分美观。突然舱顶打开了一扇门一样的装置，整个机身便仿佛置于野外了。在它的劝告下，我脱掉了大衣。

"你一定在为没带相机而懊悔吧。如果你能把见到的情形拍摄下来，就可以有依有据地告诉他人了。"

"是的。"

"希望你能认真聆听我说的每句话,我并不反对你向其他人谈及,但你要保证你对我们的描述是真实完整的,我们将注意对方的反应,如果可能的话,我们也考虑出现在他的面前。当聆听你的人并不相信这个事实时,你一定要公正,拿出有力的证据,现在就可以把我的话一一记录下来,作为证据,写书出版。"

"你们为什么选择我呢?"

"我们有充分的理由选择你。首先,必须是居住在自由民主国度里的人,法国就是这样的国度,全国上下都弥漫着自由的风气。其次,是具备高度智慧而毫无偏私的人。最后,也是最重要的一点,是能独立思考却不否定宗教的人,你的父亲是犹太人,母亲是虔诚的天主教徒,你则是世界上最重要两个民族的后裔,而且你的言行不会因神的教诲而盲目,你是客观的,所以能增加事情的真实可靠性。而且,你并非科学家,无须使事情复杂,简明、扼要说明即可,同时你也不是文学家,不会写令人难解的文词。基于这些原因,1945年第一颗原子弹投掷后,我们便决定选择某个人承担神圣使命,而你正好是1946年出生的,我们仔细观察后,慎重地选择你。现在,还有其他的疑问吗?"

"你从何而来?"

"从遥远的行星来,关于行星的一切情况我暂不告诉你,因为如果地球人不肯放聪明些,那我们目前平静的生活将会受到严重的侵扰。"

"行星距离我们多远?"

"非常遥远,其距离以现有人类科技是无法到达的。"

"你如何称呼自己？"

"我和你同是人类，我所在的星球和地球相似！"

"你到地球来需要多少时间？"

"瞬间。"

"为什么来地球呢？"

"主要目的是想知道人类的科技和文明已发展到什么程度，因为人类是有未来的，是可以预测的，而我们是属于过去的人。"

"行星上住有很多人吗？"

"是的，比地球上的多得多。"

"若我想到你们的行星去旅游可能吗？"

"不可能，因为你将无法生存，当地的空气与地球不同，再者你无法承受这漫长的星际之旅。"

"为何你决定在这里见我？"

"火山熔岩堆积的地方是隐蔽他人视线的最佳之处。我们将要告别，请记住明天带上记录用品，不要有金属制品，若你想和我再度会晤，请先不要把这件事告诉别人。"

说完，它带我从梯子下到地面，我穿上大衣，与它握手告别。随后，梯子立刻收回，舱盖无声息地合闭，飞碟上升到约 400 米高度后消失在空中。

此后，佛里洪数次与外星人会晤，外星人通过他传给地球人很多信息。

与阔别多年的外星友人重遇

1998 年秋，在夜幕笼罩的时候，美国肯塔基州东部一个名叫阿吉莱特的小城迎来了一位不速之客。然而 37 岁的黛比对此还浑然不知，此时她正开车到离家不远的一座山顶去看月食。

22 时 30 分，黛比抵达山顶，她刚一下车，本来弥漫着皎洁月光的天空一下子变得漆黑一片。然而不久之后，天空再次出现光亮，只是这光亮比刚才要明亮得多。黛比抬头一看，天空中竟悬浮着一个巨大的物体，距地面有 150—300 米的距离，发着光，甚至看不到它的边缘。

这突如其来的遭遇令黛比很是震惊，但奇怪的是她却丝毫不感到害怕。这时，一男一女突然现身，向她走来。那女的穿戴得十分正式，就像要赴宴的嘉宾，优雅而神秘。

黛比好奇地问他们："你们是谁？"

男的率先回答："你知道我们是谁。"

黛比说："不知道。"

男的坚持道："在你的内心深处是知道的。"

黛比说："我当然不知道你们是从哪里来的。"

男人于是抬头看向上面，黛比也跟着抬头看向上面，那个巨大的物体发出的光正照射着地面。男的转向黛比，又问："现在知道我是谁了吗？"

黛比感到莫名，摇着头回答："不知道，看不出来。"

男人说："是我，布莱斯壮。"

黛比怔怔地望着眼前的男人，突然大哭道："好久不见！"黛比终于想起来，这个站在他眼前的男人不是别人，而是她阔别多年的外星人朋友。

记忆立刻回到1964年，那时黛比只有3岁。一天，她正在家里的客厅玩耍，旁边睡着家里的宠物猫。突然，猫咪开始疯狂尖叫，全身的毛发和尾巴都竖了起来，原来客厅里不知何时进来两个矮小的生物。这两个生物只有约1.2米高，皮肤呈灰色，瞪着圆溜溜的大眼睛。奇怪的是，当时只有3岁的黛比在看到它们时却一点也不觉得害怕。

其中一个生物用温和的声音问黛比："我是布莱斯壮，你的名字是?"

黛比回答："我是黛比。"

外星人说："你是否愿意跟我走?"

黛比回答："我愿意。"

按照黛比的描述，布莱斯壮是用英语同她交流的，因为她觉得他们之间并没有任何交流上的障碍，但事实上她也不敢确定，因为她感到布莱斯壮似乎同时可以用思维传感的方式进行交流。另外，黛比也有可能会说外星话，因为她的朋友常说，她在着急的情形下会说出一种奇怪的语言。

布莱斯壮把年幼的黛比带了出去，带她在空中飘行至密歇根湖，然后在水上漂流了很远之后开始下降。下降的过程中，黛比看到周围的水避她而去，衣服丝毫没有被打湿。她感到奇怪，布莱斯壮告诉她这是因为她的身体被一层空气包围着。这个对于黛比来说记忆犹新，她觉得非常恐怖，甚至直到现在她仍旧怕水，从不敢下水，也不敢去游泳。

走了很长时间以后，黛比感到离水面越来越近了，因为她看到了光线，可是这光线随后又逐渐变暗。不知过了多久，下面又出现光亮，慢慢地越来越亮，再往近走的时候，眼前赫然出现一个巨大的城市。城市大到看不到边缘，但黛比分明看到它是被水包围着的。

接下来，黛比进入城市，但她无论如何也想不起是如何进去的。她只记得城市很大，像是建在一个巨大的岩石岛屿上。城市里面并没有水，但当她向上看时，却到处是水，那水又落不下来，也没有玻璃般的东西挡在上面。她还记得水里面有很多鱼，游来游去。那场面好像梦境一般。

城市的建筑很多都是金属的，形状各式各样，具体记不清了。窗子也是各种各样的形状，但是没有玻璃。城市里住着许多人，它们长得像人类又不是人类，有的在工作，有的在玩乐，它们相互说笑着。

黛比被带进一栋建筑，建筑的门十分特别，里面是亮的，但又看不出来光源在哪里。楼里面有不少像她一样的人类孩子，正排着队走过一处发出特殊光线的地方，然后躺在那里，像是在接受身体检查。黛比也像他们一样接受了身体检查。她感到自己的腿上被植入了一个黑色的玻璃片。那个玻璃片非常小，像指甲那么厚，三角形，但边缘是钝的，周围有花纹，就像一个漂亮的装饰品。

在安装这个小小的玻璃片时，黛比没有感到任何疼痛。这之后，黛比就回到自己的房间了，就像做了一场梦一样。

黛比立即将这离奇的经历告诉了妈妈，但妈妈认为她是在胡说八道，还警告她不许告诉别人。但从那之后，每隔几年，布莱斯壮就会来找黛比，带她游览湖底城市，然后再把她送回家。

有一次，从湖底城市回来的夜晚，黛比突然从梦中惊醒，看到一束蓝色的光从天上照下来直到她植入玻璃片的地方。后来，黛比时常留意那个地方，发现每几年就会有光从天空射下来进入那个植入玻璃片的地方，不过她对这件事的细节却不是很清楚。直到1992年的一个晚上，那时黛比已经结婚了，生活十分幸福。当天，她和丈夫一起到小水塘钓鱼。丈夫在专心地钓鱼，黛比只是在旁边摆弄石头。突然，丈夫告诉她，他看到一束光从天而降。黛比立即抬头观看，发现从天空射下来一道二三厘米宽的光束进入她的小腿，就是植入玻璃片的那个地方。接着，黛比就失去了知觉，不知过了多久才清醒过来，却看到丈夫正在微微颤抖。一番询问后，她才知道他们刚刚被外星人劫持到了一个飞行器上，那些人在丈夫的眼睛、鼻子等处塞进了什么金属东西，这让他感到很痛苦，内心充满了恐惧。

发生这件事后，黛比思索再三，最后决定取出玻璃片，并将它放在一个小瓶子里，密封保存起来。然而大约一年后，当她想将其拿出来做化验时，却发现玻璃片不见了。

玻璃片虽然消失了，但黛比身上另一处特别的东西还在。原来，黛比从小就长了许多雀斑，但只有一处雀斑很特别，这让她很在意。这处雀斑在胳膊上，她总感觉里面有什么东西，尝试了许多次想把那东西拿掉却都未能如愿。后来她找医生，医生说那是一颗痣，并没有什么特别。

然而大约在2007年的时候，这处雀斑却突然消失不见了，其他雀斑都还在。

消失不见的不仅只有玻璃片和雀斑，还有黛比的一些记忆。在黛比的意识中，她不止一次去过湖底城市和外星飞船，但每次的记忆都像是被抹掉了一样，回忆不起任何细节。然而，有一次却是例外，那是在大飞船参加派对，虽然记不清这件事发生在哪年，也不记得怎么进的飞船，但她对飞船内的派对保留着详细的记忆。

派对的空间很大，参与者有许多外星人，也有很多地球人，大家在里面交谈、听音乐。奇怪的是，不论是地球人还是外星人，大家彼此都认识。黛比说，每次她和外星人相遇，聚集在一起的都是相同的一群人。有一次她问布莱斯壮为什么会这样，布莱斯壮回答说："因为这些人都是我召集来的。"

随着年龄的增长，黛比发现外星人前来邀请她的次数越来越少了。尤其是进入20世纪90年代后，黛比已经很长时间没有和外星人接触了，直到1998年秋在山顶上的那次。

在和阔别多年的老朋友相逢后，他们在山上进行了短暂的交谈，而后布莱斯壮再次邀请黛比进入它们的世界。一进入飞船，布莱斯壮和那个"女人"就变回了外星人的模样。

飞船内依然很亮，却看不到灯，更无从知晓那些光来自哪里。这次，飞船内没有举行宴会，布莱斯壮拿出许多太阳系和地球的照片展示给黛比，其中不乏反映地球上的严重污染、战争、水资源匮乏和资源浪费等问题的照片。照片上显示了许多曾在地球上生存现如今却已经灭绝的动物；还有生活在贫困和饥饿中的非洲人，他们痛苦地躺在地上，在呻吟声中死去。布莱斯壮一直劝导黛比要做一个环境保卫者和动物爱护者。黛比受到感染，止不住地流泪。接着，布莱斯壮又给黛比看了一些美好画面的照片，这才使得她心情轻松了许多。

这次，黛比在飞船上还看到了与布莱斯壮不一样的外星人，其中一个个头很高，却非常瘦，看起来像篮球运动员。它的头发呈棕色，皮肤是白色，比布莱斯壮漂亮许多。

另外，还有一种外星人，皮肤呈花色，像蛇皮一样。它们一直在操纵着仪器，像工程师，黛比和这类外星人之间没有进行过交流。飞船上总是备有充足的食物，有些是地球上见过的，有些是地球上没有的奇怪的东西。外星人告诉她说，有些东西她是可以食用的，有些东西吃了的话她会生病。

吃过饭后，黛比被带进一个大房间，在那里她看到许多"婴儿"。这些"婴儿"看起来很像人类的婴儿，但又不一样，比如它们的脸部、嘴巴、耳朵像人类，但头和身体分明是外星人的模样，瘦高，没有头发。

奇怪的是，这些"婴儿"看起来是一类，但每个又有不同的特征，其中有3个"婴儿"长得很像。外星人拿起3个"婴儿"中的一个递给黛比。黛比清楚地记得，当她碰到"婴儿"时，内心生出一种强烈的感觉——这是她的孩子。黛比哭了起来，不想放下孩子。接下来，外星人将那3个"婴儿"轮番递给黛比，每次黛比都有这种强烈的感觉，在归还婴儿时，内心深处就像被割去了一块肉。

黛比于是想要带走这3个"婴儿"，但它们告诉她说，她无法养活这些孩子，而她也无法在这里待太久，否则会生病。当黛比问它们这些"婴儿"是谁，从哪里来时，那些外星人却笑而不答。

黛比说，因为她没有养育过孩子，所以从来不知道母爱是一种怎样的感受，但这次碰触这些"婴儿"时，那种发自内心的母爱感受令她感到诧异。直到后来想起这件事时，她才意识到了什么。不知为什么，她就是清楚那3个"婴儿"是她的孩子。

当黛比回到自己的车上时，看到飞船正在远离，但对于走出飞船的记忆一点儿也没有。那时天已经亮了，凌晨四五点的样子。

从那之后，外星人再也没来找过她，但1999年黛比的身上发生了一些奇怪的事。她流产了，当她发现下体突然流出血块时，并未意识到是流产。但到医院检查后，医生告诉她这是流产，然而奇怪的是他们并没有找到胎儿。直到这时，黛比才想起来之前有过类似的3次经历，分别在她24岁、30岁和33岁的时候，不过当时她并没有在意，也没有去看医生。联想到上次见过的3个"婴儿"，黛比认为她之所以流产是因为孩子被外星人抢走了，而这次流产，孩子很可能也是被外星人带走了。从这之后，黛比一直期待着能再到飞船去探望第四个孩子，可是它们却再也没来找过她。渐渐地，黛比想到上一次外星人带她上飞船的目的，就是让她第一次也是最后一次见见自己的孩子。

在被问到对这些外星人的看法时，黛比想了想说，它们曾表示过自己是来保卫地球的，听起来像是有些不好的外星人想要破坏地球，而布莱斯壮它们是来保护地球的。布莱斯壮还说过，总有一天，它们要告诉这个世界它们是谁。

消失在记忆中的外星奇遇记

在普通人的印象里，艺术家们总是充满奇思妙想的，正因为如此他们才能创造出举世无双的艺术作品。然而，有一天这些艺术家们声称自己做了一场奇怪的梦，而这梦竟与遭遇 UFO 不谋而合，这究竟是怎么一回事呢？

1979 年 5 月 10 日的晚上，青年音乐家拉迪斯·哈德逊同女钢琴家凯·麦赫肯在演播室排练至深夜，由于过于疲劳，两人便留在演播室里休息。夜深人静时，拉迪斯觉得自己做了一场奇怪的梦，梦里他看到演播室内漆黑的角落里突然出现 3 个身影，这些身影却并非直立走动，而是像虫子一样爬动着。它们的手里拿着一种箱子，箱子里能释放出射线。这时，拉迪斯感到有条射线从他的脚底一穿而过，而他的身体就像是遭到电击似的猛烈地抽搐了一下。但他还未失去意识，清楚地看到那些生物取出一根顶部带着小球的针状物，并将这东西插入他的鼻子里，之后他便失去了知觉。

音乐家的梦中奇遇很快传到 UFO 专家霍普金斯先生的耳朵里，于是他前来拜访这位音乐家并对他实施了催眠术。催眠过程中，拉迪斯回忆起了当时的情景：

那些不明生物个头庞大，皮肤光滑，呈火山灰色，全身湿润像装满了液体，眼睛很大，眼珠发黑但没有眼皮和眼白，眼部周围布满了皱纹。这些东西没有头发，面部有些小洞像鼻子和耳朵，下巴很尖，身上穿的像潜水服。

拉迪斯称，他是在夜里 3 点左右看到这幅情景的，奇妙的是，女钢琴家凯·麦赫肯竟然也在同一时间做了几乎完全相同的梦。不同的是，她所梦见的不明生物戴着头盔，她还看到一个快速滑车，像是飞碟起降用的跑道。而且那些不明生物临走前，还将他们的名字刻在了桌子上。当她醒来后，发现桌上的确多了些莫名其妙的字母。

种种迹象表明，这两位青年音乐家并非心有灵犀而做了相同的梦，而是在意识恍惚下经历了相同的遭遇。霍普金斯接着对两个人做了详细的身体检查，发现拉迪斯的左腿膝部有一个 6 厘米长的伤疤，而女钢琴家凯·麦赫肯左膝也有同样的一道刀痕。可是两人相当肯定，就在昨天前他们的腿上没有任何伤疤。

霍普金斯和很多 UFO 专家据此推测，那些不明生物可能是为做某种实验而从地球人身上提取细胞和酶，埋进拉迪斯鼻中的带有小球体的针状物可能属于一种生理机能监听器或者是起控制作用的通信接收器。

无独有偶，马里兰州的画家斯蒂芬·吉尔本也曾有过类似的经历。那是 1973 年的某个夜晚，他正开车回家，突然发现半空悬浮着两个发光体。正当他吓得想要停车观看时，发现汽车已经无法正常驾驶了。这时，从飞碟上下来几个大眼睛的又矮小的黑人将他团团围住，接着他就被押送上了 UFO。他发现自己在一个圆顶房屋的中央，身体无法动弹。从他上方降下个球形装置，球形装置里又探出些针形装置，然后这些小针在他全身进行了一番"针刺"。突然斯蒂芬感到背部正中的地方一阵剧烈疼痛，接着就失去了意识。他醒来后发现自己完好地坐在车中，周围也并没有一丝异常现象，只是隐隐感到身体有种说不出的不适感。

其实，就是这些记忆也都是在他被催眠后才回忆起来的，在这之前，他只记得那天从朋友家出来后就非常难受，其他根本完全不记得了。后来神经专家对斯蒂芬·吉尔本进行了全身检查，发现他身体上留下了许多与众不同的细小伤痕。可见，画家的遭遇并非来自幻想，至少能证明他的确经历了某些奇怪的事。

另外，还有一对画家夫妇在经过催眠后也回忆起了一段类似的遭遇。那是 1980 年 11 月 19 日 23 时 45 分左右，画家夫妇正驾车回家，突然听到有什么奇怪的声音，紧接着一道强烈蓝光直射进车内。两人于是想打开车窗看个究竟，却发现车内无线电和前灯全部失灵，整部车子被倾斜着腾空抬起……这之后的事情，两人再也记不起来，当他们恢复意识时，人仍在车上，好像什么都没有发生一样，但低头却看到手表的指针指向 0 时 55 分。过去的一个多小时他们究竟怎么了，又发生了什么呢？

美国一流的科学研究机关 CUFOS 研究中心与社会心理学者理查德·西斯蒙德听说此事后要求对这对夫妇进行催眠实验，但妻子因过于恐惧而不肯接受，丈夫迈克经过仔细考虑后决定找回那丢失一个多小时的记忆。

催眠过程中，迈克终于说出了自己的经历。

当时，汽车仿佛被吸入了一个巨大的圆形物体。在这之前，他记得眼前看到一片浓密的云雾，但鼻子分明闻到一股强烈的臭气。接着，他看到了那个圆形物体，然后圆形物体出现一个开口，延伸出一条长长的发着光的道路，道路尽头站着几个不明生物，金光闪闪的。他们就被那些不明生物领进一个大房间，固定在房间里相隔较远的两处平台上，头上还有个半球状的灯浮动着。他深刻地记得夫妇二人被脱光了衣服，在这里接受了全身检查……

他不记得这个过程进行了多久，但之后两人又服装整齐地被送回车内。车子是停在半空的，但先前看到的那道光线闪过以后，伴随着奇怪的声音，车子就安全落地了。当声音和光线完全消失，夫妻俩就像什么事都没发生一样，行驶在高速公路上。

经过这次事件之后，迈克的两只脚总会时不时地出现灼痛感，而他脚上本来长着的黑色肿块曾被医生诊断为恶性肿瘤。然而，在事情发生一年多后，黑色肿块却莫名消失了。科学家发现，经过催眠后，丈夫迈克画出的图案中有他所说的圆形物体、不明生物、躺过的平台和浮动的灯，而且那些不明生物只有 4 个手指。

据迈克回忆，那些不明生物仿佛能调节"心灵和波长"，比如在接受检查时，他觉得自己头脑中的记忆装置像被取了出来，检查完毕后，仿佛又被加入了什么知识性的东西。所以，他推测检查的经过被它们取出来了，CUFOS 本来打算继续对他进行催眠实验，但迈克拒绝了，他不想回忆起那段痛苦的历程。

1980 年 11 月 28 日凌晨，英国约克郡陶德蒙敦，33 岁的警察阿兰·戈德弗利在巡逻时遭遇了一次离奇事件。当时，阿兰将车开到西北的邦里街，一拐进去就看到一个闪着蓝光的球形发光体。那东西看上去是由金属构成的，下面部分旋转着，整条街像刮起了旋风，树木也跟着疯狂摇摆。阿兰立刻拿起对讲机想要通知警察署，然而他发现车上的通信工具全部失灵了。于是，阿兰取出笔记本，强迫自己镇定下来，描绘这个不明球体的形状。可是他还没画几笔，突然感到巡逻车自己动了起来。阿兰大惊，急忙倒车，当他再次看向前方时，发现那不明物体已经不见了。

阿兰急忙驱车回警察署进行汇报。几分钟后，几名同事与他冒雨赶回现场，发现发光体曾停留的地方非常干燥，那片草地也被拧成旋涡状，而其他地方已经被雨水浇湿了。之后，警察开始寻访目击者，其中有 4 名警察和 1 名学校管理员都声称在附近看到过发光体。更奇特的是，同事们在调查取证的过程中，还发现阿兰丢失了 20 分钟的记忆。

　　为了找回记忆，英国 UFO 研究者吉妮·兰德尔斯通过两位著名的精神分析学家罗伯特·布莱阿和约瑟夫·贾费的帮助，对阿兰进行了催眠。阿兰断断续续地回忆起当时的部分场景：当他在本上画图时，突然感到被一阵强光"吸"了起来，把他带进一个房间。房间里有一个"戴圆帽子、穿白衣的高个男子"和 8 个矮小的机器人。机器人的头像电灯，眼部是条横线。然后他看到高个子男人对他说话，奇怪的是那人并没有动嘴，却能清晰地发出声音。

　　阿兰说那人叫约瑟夫，之后他进行了如下描述："约瑟夫过来摸我的头……马上我陷入了一片黑暗……'手镯'戴在我的手上和头上……像医生那样替我量血压……左脚好像碰到了什么，鞋子和袜子被脱了下来……谁在数我的脚趾头……'手镯'很紧，不舒服……感觉坏透了，有股强烈的臭味……头脑中一亮一暗，不停闪烁着……"

　　吉妮·兰德尔斯推断，阿兰像是在接受"身体检查"，至于为何失去了这段记忆，恐怕是绑架者故意制造了记忆障碍。这种头脑中闪过的"一亮一暗"的感觉，是过去的情景在慢慢地穿过大脑。这种感觉普通人也会有，比如做脑科手术的人突然回想起过去情景的案例不在少数。

　　在同阿兰的交谈中，医生发现了不少线索。阿兰说约瑟夫认识他，医生问他为什么这么说，他回答："因为，他说'还记得我吗？'我于是立即注意到他认识我。可是在哪儿见过面呢？我头脑一片混乱，想不起来。"接着阿兰又断断续续地说："很久很久以前……是，是，是……（仿佛在回答约瑟夫的问题）"医生问："为什么老是说'是、是、是'呢？"阿兰回答："要回答很多问题啊！"可惜的是，当医生追问那些是什么问题时，阿兰却表示不能说。

即使接受了催眠，可有一部分记忆始终无法恢复，可以肯定有人在刻意干预。类似这种外星人劫持地球人的事件，世界各地都曾有过报道。奇怪的是，这些事件的当事人或多或少会丢失一段记忆。在这段时间里，他们想不起来自己经历过什么。难道是外星人消除了他们的记忆吗？记忆也能消除吗？它们又是如何做到的呢？还是说，这一切都只是人们的幻想？

怪事连连的柯拉瑞斯岛

巴西北部的贝伦市有一个原始而落后的小岛，叫柯拉瑞斯岛。岛上生活的大多是渔民和农民，他们过着贫苦生活。这里的人信仰天主教，岛上生活落后，却与世无争，倒也逍遥自在。然而，这样平静的生活终于被打破了，自 1977 年开始小岛上怪事连连，一时被恐怖笼罩。

1977 年 10 月的一天夜里，柯拉瑞斯岛的居民已经进入静谧的梦乡。突然，一道强光穿透房屋，照亮了整个小岛。本来已经进入梦乡的奥利维耶突然惊醒，发现窗外闪过一道亮光，于是准备起床查看。这时那道强光突然射进屋来，直射到他的腿上，顷刻间又消失得无影无踪。奥利维耶发现自己的腿上留下一个红色的圆圈，中间有一个黑点，立刻传来阵阵痛感。

几天后，夜晚 8 点多时，24 岁的渔夫奥利瓦多与朋友在海上撒网捕鱼，突然看到天空中惊现不明发光体，那东西正匀速飞行，无声无息，两个年轻人十分害怕，想起前几天发生的怪事，便一溜烟儿逃了。

岛上年轻的牙医露西亚也看到过天空出现两道恣意盘旋的光，这光一亮一灭，不停变换着颜色，像是在发送什么信号，但这种奇怪的现象没持续多久就消失了。

岛上频现怪事的消息不胫而走，最后传到《帕拉州日报》的记者卡洛斯·门德斯那里，于是他决定走访小岛一探究竟。接着，他带着摄像师走访了岛上很多人，记录下许多怪事。有位女子述说了自己的经历：某天晚上她在家里受到光束的袭击，当下四肢就麻木了，第二天醒来发现胸口有个不明印记。另外，还有人说到这些可怕的光束有时令他们无法动弹，有的说像是在吮吸血液。

在接下来的两个月里，岛上居民渐渐对他这个外来人放下了防备心，于是他收集到至少 80 人的口述，他们都曾受到过光束的袭击。这时人们才意识到问题的严重性，这片安静的居住地开始笼罩在莫名的恐慌之中。

门德斯将这些情况进行了整理并对外公布，引起了各种的猜测。有人说目击者一旦遭遇光束就会受到灼伤，那么是不是外星人故意在对人类进行攻击？可是这样的攻击又不会致死，或许外星人只是想探测一下人类的手段？有人对此提出质疑，并且提出更为合理的解释，就像人们体检时要在耳朵或指头上扎一下采集血样，光束很可能就是起到这样的作用。外星人这么做，恐怕是在进行一项检测。如果这个设想成立的话，那么外星人是不是在用人类做实验？而这个偏僻的小岛就是它们的实验品基地？

随着不明光束事件的不断增多，再加上人们的众说纷纭，当地医疗机构再也坐不住了。24 岁的医生沃莱蒂·卡瓦略最初认为，柯拉瑞斯岛上的居民可能是受到某种辐射的干扰而产生了集体的精神错乱，被光束所伤一说也不过是人们的集体幻想。然而，在经手多例类似病症后，这位年轻的医生不得不改变自己的看法。他发现，这些人的症状十分相似，都像是受到了一种从未见过的放射线的灼伤，受伤面积不大，最大的直径也没有超过 15 厘米。令他印象深刻的是，一位女性受伤者在被送到医院时，肢体不断抽搐着，根本无法平静下来，最后只能把她送到附近的大城市去治疗。几天后，有一位女病人也从这里被送到大城市的医院就诊，而那边的医院在不久之后发来了她们的死亡报告，死亡原因为"不详"。至此，卡瓦略医生才确信这是一种非比寻常的现象，于是向市长求助。

很快，巴西空军地区司令部于当年 10 月派出调查小组来到柯拉瑞斯岛，小组的领导是奥兰达上校，任务是调查"飞碟行动"。调查小组立刻对岛上居民展开了走访调查，他们聆听了 3000 多位居民的叙述，拍摄了大量图片，绘制出多幅草图，监视系统也在 24 小时不间断地工作，但"飞碟行动"似乎毫无进展。一切都还是谜团，都停留在目击者的叙述和猜测中。

岛上居民本以为政府可以解救他们，但看来他们只是徒增失望。渐渐地，人们开始质疑这个调查小组，这使奥兰达上校的压力与日俱增。接下来的一件事成为压倒骆驼的最后一根稻草，让人陷入了无尽的绝望。

那天卡瓦略医生下班时，发现一个女人晕倒在地。医生因为随时保持着警惕，于是急忙抬头望向天空，果然发现一个巨大的圆柱形物体赫然悬浮在小岛的上空，那东西的颜色很奇特，既不是灰色也不是银色，不一会儿，那东西先是沿着椭圆形轨道不断飞行，接着向海湾方向飞去，直至消失。而医生则像被施了魔法一般，全身麻痹地瘫倒在地。

令人哭笑不得的是，这件事最后仍旧没有得到调查小组的解释。12月，奥兰达上校接到终止"飞碟行动"并交出所有调查资料的命令。奥兰达上校只得无奈地将所有调查资料一并封存，返回空军司令部了。柯拉瑞斯岛事件的调查至此无疾而终。

随着时间的流逝，当年沸沸扬扬的飞碟事件逐渐被人们遗忘。然而20年后，《UFO》杂志的编辑杰瓦尔德突然接到奥兰达上校打来的电话，说想谈一谈当年在柯拉瑞斯岛的经历。

杰瓦尔德立刻带着副编辑赶到奥兰达上校的家中，在接下来的3天，他们拍摄了整个访谈过程，上校披露了当年在执行"飞碟行动"时发生的一些怪事。

上校说他在岛上亲眼见过外星飞船，然后手绘出3种外观不同的飞船图案。飞船相当大，直径大概在百米，发出的声音极小，就像空调的声音，其中还夹杂着一些咔哒咔哒的细小声音，就像什么东西在运转。人们口中一直在说的那种强烈的光束曾与他只有咫尺之遥，但那东西围绕着他转圈飞过之后，就向东飞远了。

除此之外，奥兰达上校还同那东西有过近距离接触。那天晚上，他正睡觉，突然感到有一束强光照进屋内，警觉的上校立刻坐起身来，听到了一些奇怪的声音。正当他要转身去看时，突然感到有个东西从后面抱住了他。上校吓坏了，但这时传来一个声音："放松点，我们不会伤害你。"那是葡萄牙语，但听起来却不像是人类发出来的，而像计算机发出来的声音，带着金属声。说完这句话，它们就消失了。奥兰达上校说，它好像在他的胳膊里植入了什么东西。如果奥兰达上校说的是事实，那么它们是什么人，又在他体内植入了什么东西呢？听起来像是外星人的所为，难道说奥兰达上校也被它们当成了实验品？后来上校接受了 X 射线检测，然而并未在他的胳膊和体内任何地方发现什么不明物体。难道说那东西是地球人从未接触过的东西，所以检测不出来？

这次漫长的访谈结束后，杰瓦尔德立刻发表了奥兰达上校的故事。可是，发表之后不到 3 个月，上校便在自己的卧室离奇死去。上校的女儿是第一个发现尸体的，她说父亲像是被吊死的。

奥兰达上校的死成为一个谜团，时时困扰着两位编辑。难道说这其中有什么不得而知的内幕？2004 年，就在上校死后的第 6 年，他们发起了一场名为"UFO 信息自由"的运动，希望逼迫高层交出当年隐藏的柯拉瑞斯岛的调查报告。

2005 年，在他们的苦心运作下，巴西政府终于同意将这份报告公开。杰瓦尔德等人立即前去研究那些封存了 30 年的调查报告。他们看到调查小组拍摄到的强光，看到数以千计的采访记录，可是谜团仍旧困扰着他们。最后，人们只能得出这样一个结论：那些目击者身上的灼伤和针刺痕迹很可能是由强光造成的，但强光的来源却无从查起。至今，围绕在柯拉瑞斯岛上的谜团仍旧没能解开。

外星人在地球留下的文明

外星人的文明是怎样的，外星人来到地球想要做什么，这些都是许多人所关心的问题。然而直到现在，我们对此仍一无所知。不过，或许我们可以从一些目击者身上得到一些线索。比如，1966 年英国的《觉醒》季刊发表了一封墨西哥青年安东尼奥·梅迪纳的信，信中绘声绘色地记述了他游览某星球的经过，向我们展示了另一个星球上的生命和文明。

如果那封信的真实性值得质疑，那么格罗苏小姐的记事簿就要可靠得多了。格罗苏小姐住在意大利的都灵市，20 年来深居简出，沉默寡言，年近 60 岁而未婚。她一生只忙于一件事情，就是不断地用打字机记录地球以外文明的情况，这种记录已经多达数千页。

格罗苏小姐在记事簿中使用了大量连当代教授都难以理解的科技术语，还画出了 70 多幅超现实的图画，包括一些类似太空基地、飞碟和外星人的图画。其中一幅还是埃及法鲁王时代的情形，图画勾勒出来的细节令人震惊。更为奇怪的是，格罗苏小姐并未受过高等教育，也从不看科技书刊，人们不知道她从哪里获得了那么丰富而深奥的科技术语。另外，她也从未受过绘画训练，却能画出细节丰富的图案。据报道称，这些神秘的知识是她在跟外星智能生物"思维通话"中获得的。

与外星人的"思维沟通"，这真的是事实吗？简直让人难以置信，然而除此之外，又没有人能对格罗苏小姐的行为作出更为合理的解释。

或许，外星人真的具备我们所无法理解的高智慧文明。

《新闻周刊》曾发表过一段采访报道，是"二战"后最具世界影响力的经济学家弗里德曼发表的关于外星人的几点看法："如果外星人认为我们对它们存在威胁，我们无论如何也无法逃脱被毁灭的厄运，外星人在工艺上超越我们几百万年。"他认为外星人同时还装有强大的发报设备，可以将收集到的资料传送到遥远的太空。法国天文学家佐治·米拉博士发现一颗神秘的卫星，经过反复研究，他表示："这颗卫星我们以前从未发现过，我个人深信它是来自另一个世界的。很明显，这颗卫星飞行了很长的路途才来到地球，事实上它的设计也是这样的。虽然只是初步估计，但我敢说它至少已经制成 5 万年之久了。"

1992 年，埃及卢索伊城传出一则神奇的消息：一具新出土的距今 2500 年的木乃伊，心脏旁边有一个地球上从未见过的黑色水晶制成的起搏器，起搏器促使心脏 80 次 / 分跳动。而且，解剖木乃伊时发现，胸部及其他身体部位没有任何放进起搏器的刀口和缝合痕迹。这高超的手术是地球上任何高明的医生也无法做到的。

另外，世界上还发生过多例被劫持的目击者身体上的病痛得以治愈的案例。苏联乌罗尼西 27 岁的妇女乌丽雅从小有腿病，行走不便。1989 年 12 月初的一天，她和 25 名邻居被一个直径约 10 米的飞碟劫走。几个钟头后，乌丽雅在几千米外被发现。奇怪的是，这时的她腿已痊愈，能自由行动了。这件奇事立刻被传开，她得到许多医院的邀请，世界各地一流的医生也火速赶来进行检查。结果，医生们发现她的腿骨已经被一种奇怪的金属所取代，而且每一块单骨被替换得正确无误。大家不能不感叹，这种先进的技术绝对不可能出自地球上任何一个国家。

　　20 世纪 30 年代，西藏也传出过一则惊人的消息，中国考古学家纪蒲泰在巴颜喀拉山的一个幽暗的山洞里发现了一批奇怪的骷髅，这些骷髅骨架小而头颅硕大，连同这些骷髅一起被发现的还有 716 块花岗岩圆片。这些石片薄而大，像极了我们的唱片，且正中有个圆孔，以圆孔为中心，刻着螺旋状的纹痕，直到外缘。

　　后来这些石片被送到中国科学院，诸鸿儒等多位教授进行了多年研究后发现，石片含有大量的钻石及其他金属，具有高度振幅，被强电流处理过。接下来，他们还成功破译了其中录制的骇人内容——距今 1200 年前，一群外星人来到地球，但不幸的是它们的飞行工具出现故障，降落在荒凉的山区。它们没有足够的能量飞离地球，也没有工具和材料制造新的工具。于是，它们便想留在地球，同当地的山民和谐共处，不过最终也没能得到山民的理解和接纳。

　　另外，外星人还曾经通过巴什基尔的一个姑娘向地球人通报了 7 种动力水平的宇宙文明：1. 原始社会的篝火；2. 行星内部能；3. 原子内部能和太阳能；4. 人——生物能；5. 宇宙——生物能；6. 行星和恒星的热能运动能；7. 能与宇宙智慧进行接触的动力实体能。

　　如果这种动力划分属实，那么我们人类经过千万年的发展，度过了第一和第二种文明，目前处于第三种动力水平。也就是说，我们地球人类的文明处在宇宙文明阶梯的第三级，还有很多外星高智能生物的文明要远远高于我们，或者同时也有不少外星文明落后于我们。

［ 外星人来访地球真实记载 ］

"我见过UFO" "我与外星人有过接触"……

这些言论在不相信UFO和外星人存在的人眼中只是提升自己存在感的盖世谎言。

难道UFO和外星人只是我们幻想出来的吗?

但是一些古迹和现代的资料似乎又向我们证明着它们或许真的存在。

神秘电波，来自外星的求救信号

我们知道，任何没有证据的事情都不能被定为事实，虽然世界上的未解之谜有很多，但结局大部分都是猜测，而我们又偏向于根据已经掌握的技术进行猜测，所以对于那些超人类文明的存在，我们很难说是外星人在"作祟"。

虽然一直以来有很多 UFO 目击事件，但大部分人更愿意相信那是一些居心叵测的人传出的谣言，与外星人有过近身接触的就更不用说了。想要让人们相信外星人真的存在，是不是应该拿出些证据来呢？

愿意相信的人无须证据，而不愿意相信的人，在证据面前恐怕也无法抵赖。事实上，地球上有很多证据让我们不得不相信，外星人应该是真实存在的。

1924 年 8 月，阿姆哈斯特大学天文学教授迪皮德·特德博士在美国军舰上进行研究的时候，意外地发现了一段来历不明的电波。当时火星正运行到离地球最近的位置，或许正是这个特殊的条件让这段电波传到了地球上。当时特德博士非常惊讶，他不知道电波从何而来，但鉴于火星运行的特殊位置，他马上猜测："莫非这段电波是来自外星的？"但当时的技术和条件还不足以破解这段电波，所以特德博士也只是猜测罢了，而后续的很多事情也让这段奇怪的电波慢慢消失在人们的记忆当中。

但是，30 多年之后，这件事又被人们想起来了。1958 年 10 月，随着科技的不断进步，人类已经能够做到将人造卫星送入太空，而人造卫星上的大型电波跟踪设备又捕捉到了这样的电波，而且是三番五次地收到。

很快，全球各国都开始关注这件事情，美国、苏联、英国和法国还建起了联合科研小组，想将这段30年前就曾收到的电波破译出来，从而得出里面的信息。

说到这里，我们就不得不解释一下无线电波了。无线电波是一种在空气和真空等自由空间里传播的射频频段的电磁波，根据导体中电流的强弱改变而出现，而经过调试之后，也可以将一些信息加载其中，只要将信息从电流变化当中提取出来，也就完成了电波的接收。

这也就是说，来自外太空的信息肯定是一些在外太空活动的人传给地球的，而在1924年连人造卫星都还没能进入太空，更不要说宇航员了，所以之前特德博士的推断并非没有道理，只是当时人们没能对其进行破译罢了。

好在这段电波再次出现引起了人们的注意，还建立了专门的科研小组，最终将这段奇怪的宇宙电波当中所蕴含的消息提取了出来。当然，这项工作也耗费了不少时间和精力。不过科研小组能够提取的也只是其中的部分信息，但好在是一些主要的内容，能够让我们了解事情的始末。

这段电波中说了些什么呢？大致的意思如下："请指引我们到第四宇宙去，现在我们的处境十分危险，因为这里到处都在发生大爆炸。我们在第12银河系，现在的时间是117.089。"

这段信息是不是让人感到震惊？很明显这是一个求救信号，而发出信号的显然不是地球人，信息已经表明他们在第12银河系。除了震惊之外，你大概也会感到奇怪吧，为什么他们的时间不是年、月、日、时、分、秒这样的单位，而是一串没有单位的数字呢？其实奇怪的不仅仅是这一点，根据天文学家们的数学计算，他们发现这个信号至少是距今5万年以前发出的！

这也就是说，当人类还处于用石头打猎的旧石器时代时，在宇宙中就已经有了能够向其他星球发出信号或是进行星际旅行的外星文明了。天文学家们认为这个信号应该来自一个星球，也可能是一艘飞船，而发出信号的人显然是希望得到一些能够让他们脱离险境的引导。至于第12银河系在哪里，我们无从获悉，自然也就无法追寻他们，更不能知道最终他们是否脱险了。

虽然这段电波距今已有5万年之久，但是人们并没有因此而放弃，它的发现反倒给研究天文学的人打了一剂强心针，至少它可以证明外星文明是存在的。在了解了这个事实之后，天文学家们并没有因满足而止步于此，澳大利亚的天文学家们很想通过研究这个电波与其他星球取得联系。他们认为外星文明在几万年前就已经主动联络地球了，但是地球的射电望远镜发明出来不过才几十年光阴，而且方向可能也不准确，所以到了今天才接收到他们发出的信息。之后，天文学家们耗巨资准备了一台最先进的射电望远镜，能够接收900万个频道的信号，而他们也确实通过这台高级的望远镜得到了其他星球发过来的高频率重复电波，并且这些电波与首次发现的电波信号非常相似。

20世纪末美国发射了哈勃空间望远镜，其观测距离远超当时最先进的望远镜，可探测范围达到120亿光年以上。令我们感到震惊的是，其发射不久后就拍到了UFO的照片，而且非常清晰。更令人感到不可思议的是，整整43架UFO排成队列在跟踪我们发射的望远镜。据当时参与项目的一名专家说，那些 UFO 列队整齐，并发射出强光，场面实在有些恐怖。

UFO 的存在可以断定是由外星人操控的，至于它们跟踪我们的望远镜的目的是什么，是否与 5 万年前发射给地球的电波一样，是试图和我们联络，这我们就无从知晓了，因为以我们今天的技术也仅仅能够进行探测，还不足以近距离接触它们，所以如今我们能够做的除了等待之外，恐怕就只有继续努力探索了。

奇怪画像，外星人光顾地球的记录

虽然人类诞生已经有几百万年的历史了，但是人类有文字记载的历史不过 5000 多年，在文字记载之前的几百万年当中究竟发生过什么，我们也仅能够从一些遗留下来的古迹中寻找线索，因此有了考古学的存在。

通过科学家和考古学家的通力配合，我们掌握了地球上的一些历史，并梳理出了一个线条，但是中间的很多环节因为资料的缺失仍旧是空白一片，而这往往最容易引起人们的遐想。

不管中间那段时间发生了些什么，至少我们明白，人类是在进化的，科学技术也越来越发达。但是考古的一些发却又让我们感到奇怪，因为在遥远到没有文字记载的过去，有很多文明似乎是现代"穿越"过去的一般。

比如那些巧夺天工的古建筑，以现代的技术来看都是值得称赞的，而在没有起重机甚至没有成熟技术的过去，人们究竟是怎样做到的呢？像是几十亿年前的核反应堆，那个时候甚至连人类都没有，它又是怎么存在的呢？

在前文中，我们已经了解了很多历史上的未解之谜，而这些都将创造者指向了外星人，但也有很多人认为这仅仅是猜测，毕竟没有确凿的证据。那时候说不定也有人类，就像亚特兰蒂斯大陆一样，究竟是传说还是事实，我们仍旧不能断定。

不过，很多遗留下来的证据还是让我们不得不相信外星文明是真实存在的。1972 年，非洲加蓬共和国的一个铀矿中发现矿石当中铀的含量远低于正常值，也就是说这些铀矿应该早就被人使用过。20 年之后，就是在这个矿区发现了 20 亿年前的核反应堆。南美洲的喀喀湖畔高原上有一座神秘古城的遗址，其中的一个神像上有完整的星空图和上百个符号文字，而星空图描绘的 2.7 万年前的星空是非常准确的，那些符号所描述的数学和天文学知识也非常深奥。土耳其伊斯坦布尔的托鲁卡比宫中保存着的古代地图竟然描绘了精确的地球全貌……

这些发现当中所蕴含的技术就在今天来讲都是绝对先进的，那这是否证明曾经有先进的外星文明造访过地球呢？对此并不能有一个统一的结论，虽然美国天文物理学家莱特尔相信外星文明渗透进了地球文明，但俄罗斯生物考古学家文萨尔斯基教授并不认同。他认为地球文明应该是一个循环发展的过程，在地球诞生至今的 46 亿年当中，其经历了 5 次生物大灭绝，也就是说在 20 亿年以前应该存在过和现在的我们差不多的高级文明生物，可惜在核大战当中被彻底毁灭了。

他之所以如此认为，是因为在巴西的大森林当中有一座"玻璃山"，整座山非常光滑明亮，应该是强大的核爆炸致使这里的温度骤升到几千摄氏度，所以融合成了这样的一座山。而且古印第安人遗留下来的一些文献也确实证实了地球曾经爆发过可怕的核大战，很多城市和村庄都毁灭于此，并且在印度河流域也确实有核爆炸后受到辐射的痕迹。这或许能够解开那些史前之谜，但同样不能否认外星人未曾造访过地球。

也许曾经地球上有不输于如今的高度发达的文明，但那时地球人是否曾和外星人有过接触呢？我们都知道，金星上可能有发达的文明存在过，那个时候地球人和金星人是否有交集也未可知。不过从一些远古的文明遗址当中，我们几乎也可以断定外星人确实来过地球做客。

玛雅遗迹帕伦克的地下墓室里有一个石棺，盖子上的浮雕可以证实我们的猜想。浮雕上刻着一个上半身前倾的人的坐像，他的姿势很像骑摩托车，但他所骑的确是一艘类似于火箭的交通工具。他所骑乘的工具头部很尖，越往后越粗，在尾端甚至有火舌喷出。而这个人似乎在操纵着一个控制器，脚踩在踏板上。这个人的穿着更是奇怪：腰上系着一条宽皮带，穿着短裤和开领上衣，手臂和腿部还有带子箍着，样子非常像今天的宇航员。而传说这口石棺当中的人因为受到热风袭击而死，也不得不让我们想到宇宙飞船飞行时喷射的热浪。加上石棺中的遗骨体长要比当时正常的人高出半米，也不得不让我们怀疑，当时记载的这个景象就是外星人来到地球时的样子。

无独有偶，在撒哈拉的塔西里发现的公元前1万—前6000年的石器时代壁画中，同样发现了宇航员的踪迹。虽然壁画上有几千人，但其中一些人的穿着明显与当时的人不同，这些人穿着精致的短上衣，肩膀上还扛着头盔，头盔也不是与服装分离的，而是由接口与服装主体相连。

头盔的样子非常特别，只有在嘴和鼻子的位置才有狭长的缝隙。而且这样的壁画在瑞士的阿尔卑斯、澳大利亚的金伯利以及乌兹别克斯坦的费尔干纳都有。除了壁画之外，日本、墨西哥和哥伦比亚等地还出土了戴着面罩的泥人，这似乎都证明了外星人曾光顾过地球。至于当时是怎样的一番景象，这些究竟是不是外星人，还有待我们进一步去研究发现。

《拾遗记》：神秘的宛渠人和螺旋舟

秦始皇陵兵马俑号称世界第八大奇迹，作为中国人，我们自然有着强烈的民族自豪感。不过在关于 UFO 和外星人这方面，有些人可能就觉得我们不够"洋气"，因为 UFO 好像认准了自己的英文名字一样，总是在中国以外的地方盘旋。

其实不然，国内不乏 UFO 的目击事件，甚至也有号称和外星人有过接触的人，但似乎中国对研究 UFO 这件事缺少兴趣。然而，我们也不禁感到好奇，如果历史上外星人真的光顾过地球，那么是否应该和中国也有过交集呢？中国毕竟是四大文明古国之一，而且非常繁盛。

没错，中国在世界历史当中占有举足轻重的地位，而我们在秦始皇陵兵马俑的发掘过程中，也确实遇到了一些疑似外星人来过的线索。我们都清楚，兵马俑是秦始皇的陪葬品，规模非常庞大，目前挖掘了一号坑、二号坑和三号坑。在挖掘的过程当中，发现了一把上百千克重的剑，而这把剑因在陶俑之下而被压弯了，让人不解的是在陶俑被移开之后，这把剑竟然慢慢复原了！

要知道，秦始皇统一六国的时候铁的冶炼技术还不成熟，在2000多年以前铸造一把弹性可保持千年的剑是何等困难！更让我们叹为观止的是，兵马俑身上佩带的刀刃上镀有一层铬！这种技术是1937年由美国科学家发明出来的，而且需要运用很多电子学的知识。显然，据我们所知，秦朝的时候还不具备那样的条件。不仅如此，兵马俑当中有些彩绘使用了紫色，后经科学鉴定发现这是只有通过人工合成才能得出的硅酸铜钡，而这种合成技术是20世纪末才出现的。这一系列问题都把矛头指向了外星人。毕竟有史可考的秦朝时期如果有先进的科学技术不可能一点记载都没有，反倒是在一些史料记载中让我们发现了外星人的端倪。

《拾遗记》是中国记载非常广泛的一本古书，在第四卷当中有一部分内容似乎告诉我们，秦朝时期外星人确实造访过中国，而且还和秦始皇有过接触。原文当中是这样记载的："有宛渠之民，乘螺旋舟而至。舟形似螺，沉行海底，而水不侵入，一名'沦波舟'。其国人长十丈，编鸟兽之毛以蔽形。始皇与之语及天地初开之时，了如亲睹。"

这段话是说，在秦始皇统治时期，有一个叫作宛渠的国家，他们乘坐着海螺形状的螺旋船到达秦国。他们的交通工具叫作"沦波舟"，可以在水下行驶而且水不会侵入内部。被称作宛渠之民的人身高有十丈，衣服主要由鸟兽的羽毛编制而成的。秦始皇与他们见了面，甚至说到了开天辟地的时候，神奇的是宛渠人非常清楚当时的情形，就像亲眼所见一般了如指掌。

说到这里，我们不得不猜测宛渠人就是外星人了。首先，《拾遗记》

当中所描述的宛渠人的交通工具以当时人类的科学技术显然是无法制造出来的，而且螺形的外表和人们传言的 UFO 的造型确实有些相似。其次，宛渠人的身形和我们大不相同，他们都非常高，穿着也很另类，由此推测他们是外星人也不无可能。最重要的是他们非常了解历史，就像经历过洪荒时代一样，那个时候能够旁观这一切的显然不是地球生物了。当然，这些都是学者们研究之后得出的结论。

除了这部分内容之外，《拾遗记》当中还介绍了宛渠国的高效能源，说他们只需要"状如粟"的颗粒物质，就能在夜晚照亮房间，如果把这种能源丢一点到河流当中，那么水就能沸腾数十里！这样的能源显然在当时是没有的，甚至在当今我们仍旧无法普及，也难怪学者们会这样推测了。

可惜的是当时没有外星人的概念，所以我们也不能百分之百肯定这就是对外星人的描述，仍旧需要关键性的证据来证明这一切。可惜的是《拾遗记》当中关于神秘的宛渠之民的介绍仅止于此，再没有更多的资料可供我们研究了，比如他们和秦始皇之间是否进行了什么交易，或者来秦朝做什么，我们都无从知晓。

《蒲城县志》：四亿年前的人形骸骨

对于考古学家而言，化石和史料显然是了解一段历史时期或某一历史事件的渠道和证据。而在金朝皇统年间，还就真的发现了一些让人难以解释的"证据"。

事情发生在陕西关中平原东北部的一个小县城。这个县名为蒲城县，面积并不大，但是名声却非常响，因为很多人都关注过这里。根据史料的一些记载，在西汉时期，汉武帝派人来此修建水渠，竟然挖出了巨型龙骨。唐朝时期，这里还挖出了盘龙形的奇怪巨石。20世纪中期，这里还出土了很多古象、古马、三叶虫等动物的化石。

不过这都不是我们今天要讲的奇怪"证据"。我们所说的难以理解的东西，是在金朝皇统年间发现的。事情发生距今已经有800多年的历史了，当时蒲城正经历着严重的干旱。在那个靠天吃饭的年代里，老百姓只能将希望寄予神明，于是他们就抱着"死马当作活马医"的想法去了附近的尧山古庙求雨。

蒲城县的百姓们饱受旱灾之苦，于是他们商量着把古庙扩建一下。当时古庙里有一座夫人殿，扩建需要扩展地基，这样就不可避免地要去掉夫人殿的一块巨石。没想到，动工半个月之后，有了令他们惊奇的发现——巨石当中有一片蛛网状的空隙，在空隙当中竟然有一副"骸骨"！

让人感到不可思议的是，这具骸骨保存完整，四肢、手臂、头颅一应俱全，端正地镶嵌在石头当中，而且石头和骨骼相融般契合，就像是印模一样清晰。这块巨石看上去脉理相连、浑然天成，一点儿缝隙断裂的痕迹都没有，那么它究竟是怎样形成的呢？

当时的县令是个博学多才的人，他听说这件奇怪的事之后就到了现场，捡起已经凿开的石头后，发现断裂的地方竟然还能再合起来！这样神奇的事情让他不禁思考，这石头中的骸骨究竟是人还是"神"？当时人们都对神明有一种由内而外的敬畏，于是为了保险起见，他命人在旧址之上新开了一个洞穴，然后将这具不知来路的骸骨连同石头安置其中，还用石块把洞口封住。之后，他在封砌洞穴的洞口处写下了"仙蜕"两个字，还把发现的经过和一些详细信息刻凿在石头上。

这件事被记录在了《蒲城县志》中，之后人们就渐渐不再关注它，直到 20 世纪 80 年代，很多考古学家根据《蒲城县志》找到了"仙蜕"的存放地点，想要具体地了解这具尸骸的详细信息，但天不从人愿，早几年的时候存放遗骨的洞穴被毁了，"仙蜕"也就不知去向了。不过从残留下来的一些碑文来看，考古学家们还是认定《蒲城县志》当中所记载的是真的，确有其事。

随后，考古学家们又对当地的石灰岩进行了考察，发现骸骨埋放的那一层距今已经有 4 亿年的历史了！4 亿年前我们可以确信人类还没有在地球上诞生，那么岩层中又怎么会有宛如人形的尸骸呢？这会不会是外星人呢？学者们也在思考这个问题，也许被毁掉的"仙蜕"正是外星生命留下来的记录，只可惜我们已经找不到"仙蜕"了，只能凭空想象或者寻找其他方面的证据了。

《延年玩丹》：清朝学者的 UFO 见闻

通常来讲，对于一个人随意说的话我们可能抱有将信将疑的态度，但是对权威人士的发言就不同了，因为他们通常是某些领域的专家级人物，不会为了危言耸听而随意发布言论，因为他们有自己的原则，有自己的社会地位。

在清朝就有这样一个权威人物记录了一则 UFO 见闻。虽然当时还没有研究外星人和 UFO 的机构，但是这个人已经名声在外，决不会因想要被大家注意而随意编造一些当时根本没有的言辞。

这个人就是清朝著名的学者完颜麟庆。他有一本叫作《鸿雪因缘图记》的笔记，其中的第二篇《延年玩丹》中就记录了他对 UFO 的见闻。当然，当时还没有 UFO 和外星人的概念，也没有对宇宙的认知探索，所以他只是把这件事当成奇事进行了介绍，可喜的是用现代的眼光来看，他所记录的事件和 UFO 非常吻合。

原文是这样写的："乾隆五十六年，岁在辛亥，三月十四日，麟庆生于河南南阳府署，时大父晓严公官知府。越五载，嘉庆元年丙辰，余六岁，大父亲教识字，并习国语，丁巳，迁粮监道侍宦赴省。戊午，年八岁，居道署之二堂后，有院一区，楼三楹，篆额曰延年。相传有仙居之，户枢严密，非朔望祭祀，戒勿启。楼下东偏，设有家塾，延曹蓄齐师（讳萃，安徽太湖人，岁贡生），余就塾必经楼下。一夜晚归，月明如画。忽见楼头飞起一丹，其圆如珠，其赤如火，随风直上，与月争光，继起者倏隐倏现，飘扬无定，少顷，一丹飞入云际，自上而下，芒含五色。又有一丹，自下而上。两丹相值，化为千百，如璎珞四垂。方注目间，一丹斜飞落肩上，余惊呼，丹即不见。比道光五年，余由安徽颍州守擢河南开归管河道，抵省之日，先拜楼下。有诗云：少小曾游处，而今做宦游。未参新政府，先问旧书楼。祖德期无忝，君恩那得酬。观民原乏术，况复奠黄流。均纪实也。"

简单来说，事情发生在清嘉庆三年（1798）的一个夜晚。当时的麟庆年仅 8 岁，居住在河南开封粮监道道署附近，道署的后院有一个传说有神仙居住的小楼，平日里这个楼都大门紧闭，不到祭祀等特殊的日子都不会开门。在一个月光明亮的晚上，麟庆走在回家的路上，忽然抬头看到一个红色的圆盘在天上飞行，而且发出耀眼的光芒，看起来似真似幻，飘忽不定。没一会儿，这个飞行器就直上云霄，散发着彩色的光芒，之后又有一个类似的飞行器也飞了上去。

　　大致的过程就是这样，比起神话传说，是不是更像我们如今所说的 UFO 目击事件呢？比如麟庆所说的"其圆如珠，其赤如火"，可以看出这个飞在天上的东西是红色的圆形物体，很像我们如今所说的 UFO；而且它飘忽不定，直上云霄，从飞行的样子和速度来看，都很像 UFO，至于它发出的光芒，就更不必说了。

　　不知道大家是否注意到了，在对整件事进行细致描述的时候，麟庆都没有说到它所发出的声音，可见它的出现应该是静悄悄的、不引人注意的，这也非常符合 UFO 神出鬼没的特点。至于其消失，也是渐渐隐没的，也就是说它应该是不想被任何人发现的，而麟庆也只是恰巧撞见了整件事情的始末。

　　也许有的人会对此表示怀疑，又没有第二个目击证人，凭什么就相信麟庆所说的是真实可信的呢？我们必须知道，对 UFO 的探索是近些年才开始的，当时的人都不知道 UFO 的存在，更别说要在此基础上编造一个如此缜密翔实的谣言了。如果真的是编造的，也不可能和今天的UFO 目击事件如此的吻合。

　　而且我们也可以发现，记录这件事的主人公对此也是感到非常不解，他也不知道自己看到的是什么东西。而且一个以严谨著称的学者是不会轻易口出妄言的，更何况这个记录出自笔记而非小说，这也就让整件事有了更高的可信度。

麟庆非常重视这本笔记，他甚至找来了当时的很多名人来为自己的这本笔记制作插图、作序。如果他只是觉得无聊，想要编故事，那么就不可能在后面特意强调"均纪实也"了，更犯不上用自己的名誉和地位去冒险编造一个别人不可能相信的谎言。

如果说我们曲解了麟庆的意思，那也不太可能。为什么这么说呢？首先，这篇笔记绝对不是一个学者进行过的研究。其次，麟庆是当时有名的学者，在措辞方面非常谨慎认真，绝对不会信口开河，随意写一些引人遐想的模糊词句。由此，我们完全有理由相信这篇笔记的真实性。

而且麟庆小时候经历的事情到了成年之后再拿出来写，可见这件事对他的冲击性是很大的，要不然他又怎么会打破自己的认知，记录下连自己都无法理解的荒谬事呢？虽然麟庆记录得非常详细，但对于探索UFO的人而言，这些资料还是不够充足，我们能够掌握的仍然不够多。

不管怎样，这个记录都是我国古代目击UFO的宝贵材料，虽然我们仍旧没能确信无疑地看到UFO的真实样貌，但我们还需相信，只有这样才会不断进行探索，说不定哪天就能有幸见到麟庆所描述的会飞的红色圆盘呢！

有力的佐证，卡特总统的目击报告

就像我们都了解的那样，一个权威人士、一个有社会地位的人通常不会为了博人眼球而信口开河，所以在一件事上他们所说的往往比较可信。迄今为止，很多 UFO 目击者的叙述都让人抱着将信将疑的态度，因为不确定他们是为了出名胡说还是确有其事。

但是在历史上，确实也有和完颜麟庆那样的知名人士曾目睹过 UFO 的风采。不过接下来我们要说的不是中国的历史人物了，而是曾经的美国总统吉米·卡特！

一个总统总不会随意说一些引起社会恐慌的话吧！确实，如果 UFO 真的存在，那么很多人或许会感到恐慌，这也正是一些知名人士没有发表 UFO 目击事件的原因。卡特在目击 UFO 的时候还不是总统，而是佐治亚州的州长，不过他的发言还是非常可信的，并且他还为美国空中现象调查委员会填写了目击报告！这也就是说，他为自己的言行承担责任，以州长的身份担保句句属实，可见这件事确实不一般。

其实，有过 UFO 目击经历的名人或许不在少数，只是很少有人会给自己找麻烦去发表一件颇具争论的事情，在没有定论的情况下发表，也许还会给自己招致负面评价。但卡特却在目击之后通过新闻界对整件事情进行了公布，因为他的身份实在不一般，所以最终美国空中现象调查委员会打算记录完整的目击报告。

以下就是卡特所填写的目击报告：

美国空中现象调查委员会 马里兰州肯西顿市 大学西路 3535 号
301-949-1267 飞碟目击报告

这份报告中的所有问题均由美国空军部队及其他武装部队调查机构所制定提供，其中包含美国空中现象调查委员会作出详细评估的问题。

在开发部进行充分研究调查之后，评估小组将通过美国空中现象调查委员会出版的正规刊物发表结论。请尽可能完整地填报报告，若填写的部分留白过少，可自行添加纸张。请用印刷体打印或书写，对您的协助配合我们表示真挚的感谢。

观察日期：1969 年 10 月，美国东部时间 19 时 15 分。

观察地点：佐治亚州利里市。

目标出现时长：10 分钟到 12 分钟。

当时的气候及天空的状态，如白天、黄昏、夜晚、深夜等：天刚黑不久。

太阳和月亮与您之间的相对位置：看不到太阳也没看到月亮。

目击时能够看到的天体：可以看到星星。

飞行物是一个以上吗？如果是的话请描述其数量和移动情况：只有一个。

请描述该物的发光情况：比天空更明亮一些，偶尔和月亮的亮度差不多。

请描述该物体的飞行特征：它飞行的过程中大小和亮度会改变，颜色也会改变，飞行时偶尔会滞留在天上静止不动。刚开始是从远距离向我近处移动，停了一小会儿之后又开始移动，每到近前就离开了。一开始其为蓝色，后来改变成了红色，非常亮，不过中心看不到。

该物是否在任何物体面前都有试探性的行动，如前后摇摆之类，若有，请详细说明其距离和大小的改变：没有。

当时是否有风，若有风，请填写当时的风力以及风向：没有风。

您是裸眼进行观察还是通过光学仪器或挡风玻璃等器械观测到此物的：裸眼观察到的，眼前没有任何屏障。

此物是否发出声音，若有请填写分贝数，并对其进行形容：无声。

此物在移动的过程中是否有上升或下降的表现：是。

描述此物的大小，可以以星体为参照物：应该比行星更大、更亮；或者可以说和月亮大小差不多。

您是如何注意到这个物体的：当时有超过10个目击者，因为它发出的光亮吸引了我们。

当时您在做些什么：我本来在户外等着参加19时30分的会议。

此物后来是如何消失的：移动了一段距离之后就消失不见了。

请将此物的速度与在同样高度上的一个活塞或喷气式飞机的速度进行比较：没有可比性。

此物出现时现场是否有飞机，如果有请详细描述：没有。

请估算此物与您之间的距离：不知道，大概在300—1000米。

此物在天空中的角度大概什么样：应该和地平线呈30度角。

其他目击者的姓名和地址：佐治亚州利里市社会名流俱乐部的10名会员。

请描述此物出现的方向：来自西方。

在目击地区是否有飞机场、政府机关、研究机构或军事设施：都没有。

您是否见过其他不明飞行物，若有，请详细描述观测过程：没有过，第一次。

请附上此次目击到的不明飞行物的照片、影片或任何其他背景资料，我们可以存档后退还：很可惜，任何资料都没有。

您是否被空军调查员询问过，或是联邦州、县以及其他官员询问过。若有，请注明询问人的姓名、职业、详细地址以及问询的时间、地点等细节：没有。

您是否被告知或要求禁止讨论此次事件，若有，请标明原因：没有。

此份报告需要获得您的许可，可能引用您的名字，您的此次行动将鼓励其他有责任感的公民提供目击情况，若您不愿意，请告知，我们会为您进行保密：可以用我们的名字，但希望可以将我的名字进行保密。

最后请您保证填写的内容真实详细，为我们留作机密档案备用，感谢您的配合与支持。

填表日期：1973 年 9 月 18 日

签名：吉米·卡特

通过这份报告我们能够了解 UFO 的部分内容，但关于其真容，我们仍旧所知不多，毕竟它的出现如此突然，而且在那个手机还没有拍照功能的时代，也很难留下一些直观的资料。但不管怎么说，这份美国总统的目击报告都是 UFO 存在的一个佐证，不是吗？

珍贵的资料，隐藏 17 年的录音

一直以来，世界各地都有很多人声称与外星生命有过近距离接触，抛开真伪不论，这些阐述多是缺乏直观证据的，也难怪很多人无法相信。当然，并不是所有的接触都缺乏证据，2008 年上海举行的"重大 UFO 事件学术讨论会"上就公布了一段 17 年前的 UFO 目击事件录音。

1991 年 3 月 18 日，下午 6 时 15 分，一架飞机从上海飞往济南。飞机起飞后没多久突然遇到了一个大火球形状的不明飞行物，很快这个大火球状的飞行物就变成一溜排列整齐的火球，在瞬息之间从发出红光转向黑色的状态，然后分离成长方形和圆形的两个飞行物。

这一切发生得太突然了，但当时飞行员感觉到了异样，于是马上提高了警惕。此时的两个形状不同的飞行物显然对飞机有所察觉，于是开始在飞机附近围绕着飞行，距离飞机近了就稍微避开，远一些的时候再接近。

飞行员非常紧张，为了避免与飞行物相撞，不得不多次改变航向。此时地球上的飞机和来自外星的飞行物就像玩起了捉迷藏一样，你追我赶。当飞机飞行到苏州上空的时候，两个飞行物像是"心有灵犀"一般，同时掉头向着飞机直冲过来。眼看就要相撞的时候，两个飞行物又合为一体，然后迅速攀高飞远了。

真是虚惊一场，好在没有发生可怕的坠机事件。而这一切都发生在高空，我们自然也就无法知晓。但当时飞行员在发现 UFO 之后就开始与地面进行联络，而他与地面联络时的通话被上海虹桥机场的塔台以录音形式保存了下来。

当时不知是怕引起公众恐慌还是什么原因，这段录音并没有公布，直到 17 年后才重现世间。当然，当时所发生的一切都是通过这段录音来还原的。录音本身可能由于环境原因比较嘈杂，并不是非常清晰，但 10 多分钟的录音还是非常宝贵的。

18 时 12 分的时候，不明飞行物出现了，大概在 1 分钟之后，飞行员便报告了这个事实。根据飞行员的描述，那个火球一样的 UFO 有 2—3 米，在飞机前方，向着北方飞行。大概两分钟之后"火球"加速了，而且飞行员表示当时能够隐约看到火球变成了一溜，有 5—6 米长，继续向前，而且速度飞快。18 时 17 分的时候，根据飞行员的描述，原来呈红色的火球变成了黑色，像一条鱼一样行动，还像飞机喷出尾气一样拉出了一道烟，并且和地面确认不是太阳反光后的影像，而是确确实实有东西在天上飞。

当飞机临近苏州上空的时候，飞行员有些紧急地告知地面不明飞行物突然改变方向，向着飞机迎了过来，不过较之前速度有所减缓，但为了安全起见，飞行员还是决定临时改变航向向西，以躲避不明飞行物。过了一分钟之后，飞行员表示 UFO 仍旧在飞机的右前方行驶，但速度已经比之前慢了。在此次减速之后，火球状的 UFO 的影子也渐渐模糊，接近消失了。

当 UFO 彻底消失之后，飞行员对之前经历的事件又进行了一次较为完整系统的描述，在录音当中他这样说道："刚刚正常起飞 13 千米的距离之后，在航向正前方的 280 度方向出现了一个长 3—5 米的不明飞行物，看起来像是一个火球，发出红光，之后飞向东北方，我随即向左调整方向，不明飞行物距离我方就稍远了一点，但后来它又从北方调头向东南行驶，600度变成100度，继续向南并降低飞行高度，最后上升分离变成了一个长方体和一个球体两个飞行物，之后它们共同向东北方向行进。"

在这段录音当中，不时还能听到地面调度询问的声音，询问飞行员是否需要返航，但飞行员回答的时候火球状的UFO已经消失不见了，所以飞行员表示可以继续航行，在18时26分的时候，飞行员又报告了一次，说再次看到了刚刚见到的UFO，但很快UFO就彻底升空不见了。

事情结束后17年这段录音才得以面世，不过即便如此，在"重大UFO事件学术讨论会"上，还是有很多不同的看法。确实，一段录音缺乏影像资料，招来怀疑也是严谨所致。UFO爱好者章云华就对这段录音背后的事件表示怀疑，他觉得天文学家在观察星星的时候都有可能产生幻觉，那么飞行员也不能排除看走眼的可能，飞行员有可能是把飞机看成了UFO，因为当时可能有阳光在机身上反射后形成一种影像，而且在遭遇UFO的飞机前方还有两架飞机，所以不排除有看走眼的可能。

也有人认为这不是幻觉，但也仅能证明它是现代科学理论难以解释的现象，还不足以证明看到的就是外星飞行物，不排除有未知自然现象的可能。

而中国最早研究UFO的天文学家王思潮则愿意相信这是UFO，因为首先可以肯定这段录音没有造假，其次当时雷达并没有捕捉到这个不明飞行物，在躲避雷达的情况下还能在半空中停留7分钟，没有发出什么声音，还能急速升空，这些都像是"超能力"，而人类所掌握的科学技术显然无法造出这样的飞行器，所以这些可以证明 17 年前飞机遭遇的就是 UFO。

不过王思潮也表示可以理解人们不同的看法，毕竟 UFO 的出现和消失总是维持时间很短，没能留下很多证据，而且以我们如今的科学技术也只能等待它的光顾，无法主动寻找。一方面，很多人热衷于以浅薄的知识随意散布未经证实的谣言，这让 UFO 变得颇具争议；另一方面，如果 UFO 真的存在，那么就等于打破我们一直以来的认知，这也是非常困难的。

当然，最根本的原因就是很多人相信宇宙当中星体之间的距离都非常遥远，我们无法到达外太空，同样外太空的生物也无法到达地球。不过，这也只是以我们为基准来想象外星生物罢了，如果外星生命的智慧高于我们，那么他们说不定就拥有我们所无法理解的先进技术。

只有一段以飞行员视角看到 UFO 的录音形式保留了下来，并没有更加确凿的证据能够证明这是一起板上钉钉的 UFO 目击事件，实在有些可惜。但不管怎么说，这都是在 UFO 研究方面宝贵的参考资料，更是中国在研究 UFO 过程当中浓墨重彩的一笔。

官方资料，英国公布 UFO 档案

对于 UFO，你是怎样看待的呢？有的人或许会觉得所谓的目击事件大多都是谎言，如果是真实的，那为什么传言要多于证据？为什么新闻当中没有播报？为什么各国政府没有任何表示呢？

实际上，UFO 确实是一个"国际问题"，它没有特定的出现场所，可以说世界各地都有 UFO 目击事件，只是不是每个国家都会将 UFO 的出现大肆宣扬罢了，像美国等国家还会刻意隐藏一些信息以避免造成普通民众的恐慌。这也就使得有些人不相信 UFO 的存在，因为政府没有出面作出解答。

当然，有隐藏的也有公布的，英国就选择公布国家关于 UFO 的研究档案。在 2007 年平安夜的前一天，英国国防部主管 UFO 事务的尼克·鲍勃宣布了他们将在 3 年之内陆续公开存放在国家档案馆内从 1986—1992 年的上百份 UFO 绝密档案。

而且英国政府说到做到，次年的 5 月和 10 月他们就做出了相应的行动，公布了几十份关于 UFO 的档案。其中最引人关注的显然是美军飞行员高空拦截 UFO 和意大利机长的现场目击事件了。

美军飞行员高空拦截 UFO 事件发生在 1957 年 5 月 20 日的夜晚。美国国籍飞行员米尔顿·托里斯跟随部队驻扎在英国皇家空军曼斯顿空军基地，当天他接到上级的命令，去拦截一架飞行器。米尔顿驾驶着 F-86D "军刀"战机飞向英格兰东部，几分钟之后，他就通过雷达捕捉到了 20 千米外的不明飞行物。这个飞行物大小和 B-52 轰炸机差不多，他感到非常紧张，因为当时天色已晚，他在舱内只能通过手电筒照明才能看清一些东西，而且他还要在观察雷达的同时驾驶飞机，这样的高难度让他感到格外紧张。当他接到上级命令可以发射火箭弹之后，不明飞行物却消失不见了。

在米尔顿的回忆当中他似乎可以肯定，虽然当时伸手不见五指，但上级命令他拦截的绝不是一架地球上的飞行器，因为这个飞行器的推进系统和地球上所有的飞行器都不一样，在逃脱的时候甚至达到了 1.6 万千米的时速，这也是拦截没能成功的原因之一。

而另一起被揭露的事件则发生在 1991 年 4 月，并且纯粹是偶然。当时意大利航空公司的阿西尔·扎盖蒂机长正架机从米兰飞往伦敦，他将飞机提升到 6400 米的高度，这个决定让他偶然遇到了 UFO。

飞机刚升到高空没多久，阿西尔就看到了一架导弹形状的 UFO，这架 UFO 显现出浅黄褐色和浅棕色两种颜色，长度大概 3 米。一开始阿西尔并没有意识到什么，他的第一反应就是这可能是巡航导弹一类的军用武器，于是马上命令副驾驶作出反应，好在躲避及时，二者并没有迎面相撞，而是错开了。

当不明飞行物消失之后，阿西尔意识到这可能并非什么武器，因为在从客机旁边 300 米远的地方错过后，它就在雷达上神秘消失了，而且这个飞行物的时速足足有 190 千米，更加奇怪的是这个飞行物没有喷火，所以基于此考虑，阿西尔认定这是一架 UFO。随后，军方也介入调查，而且排除了是他国导弹的可能，最终将阿西尔所目击的定义为不明飞行物。

虽说这两起事件资料匮乏，但就凭它是英国政府部门公开的消息，可信度就很高了。当然，在英国公布的一些 UFO 事件卷宗中，除了这些比较著名的之外，还有一些很少有人知道的目击事件。

其中有一起近距离的目击事件发生在 1989 年，目击者在英国费尔特姆镇的一条街道上偶然看到了 UFO 的降落，甚至看到了 UFO 当中的外星人。根据这个人的介绍，当时两名外星人都穿着黑衣服，其中一个人在检查发动机，在发现他之后，两个人用英语对话，内容是要抓到他，以保证自己的行踪不会被泄露出去。

除了这件事之外，在公布的内容当中还有很多目击事件，在不同的目击事件当中对外星人的描述也有所不同，有的人说外星人浑身长满羽毛，甚至有一个穿着睡袍的尖耳朵女人自称是强行着陆在地球上的外星人。

虽然这些档案由英国政府公布，但是其中大部分事件都没有调查结果，大家对此是不是也感到意犹未尽？没错，很多人都有这样的感觉，虽然公布了很多隐藏的档案，但并没有解答我们对于 UFO 和外星人的疑问。所以，还有很多 UFO 迷相信英国政府并没有公布那些比较核心的档案。

之所以这样认为不无道理，因为根据官方的一些资料，仅 2007 年，英国报告的 UFO 事件就有上百起，次年更甚，这些加起来远远不只是公布出的 160 件，所以人们才会这样推测。

不管政府公布了多少又保留了多少，至少我们应该相信，官方在 UFO 和外星人探索方面并非刻意规避，而是作出了积极的探索。就算现在还没能交出一份完美的答卷，但只要我们坚持在这方面继续研究，说不定某一天就能探索到从未了解过的新世界了。

尸检报告与可视资料的流出

不知道大家有没有印象，曾经有一条新闻说有一个人上传了一段解剖外星人的视频，而且视频中的外星人看起来和我们在电影中看到的形象抑或是自己想象的形象差不多。于是，这条新闻激起了不小的舆论浪花。但是没过多久，视频的上传者就出来辟谣了，说整段视频都是他伪造的，并详细介绍了自己制作外星人的过程。经过证实，发现这个人说的话并没有任何矛盾的地方，原来这不过是一个恶作剧罢了。

虽说这则新闻是一次个人行为的恶作剧，但是一个老生常谈的话题还是显现了出来——外星人真的只是我们的想象吗？曾有传言美军回收过 UFO 坠落后的外星人尸体，在罗斯威尔事件过后更是愈演愈烈。虽然军方和政府多次出面辟谣，但这个传言并非空穴来风。

美国有一个神秘的组织代号为 MJ-12，该组织中就存有一份机密的外星人尸检报告。报告中是这样记录的：

这些尸体的外表看上去和人类比较相似，但从生物进化和遗传学方面来看，其与地球人有着非常明显的差异，这是目前的判定结果。在没有明确其诞生地的情况下暂且可以将其定位为地球之外的生命，命名为"EBES"。

这份尸检报告的对象是美国新墨西哥州马哥达来那坠落的 UFO 中的外星人尸体。可能有人会好奇这样机密的文件是怎样流出的，那就要感谢参与解剖工作的医生了，他为这份尸检报告作出了证明，而且以研究 UFO 著称的斯特林非里教授也展示过类似的报告，上面有参与相关工作的军官的对话。

美国 UFO 专家萨巴查先生推断外星人的体重和骨骼都非常轻，因为从坠落的 UFO 残骸来看，UFO 应该是机体比较轻的，所以乘坐机体的外星人应该也很轻。

虽然很多研究结果都不一样，但有一点十分相似，那就是很多专家都认为外星人的身体结构比较接近于地球上的昆虫，因为他们不仅骨骼很轻，而且血液也不是红色的，地球上血液非红色的生物中进化程度最高的也就是昆虫了。

说到这里，大家是不是联想到了《星河战队》？那部经典电影当中的外星人形象就是各种各样的昆虫。从这点来看，我们似乎也能稍微联想一下，作者是从哪里找到的灵感呢？当然，这也只是我们的猜测，虽然有很多关于外星人的报告流出，但只要官方没有表态，我们还是要抱着怀疑的态度。

事实上，除了有些人们认定政府"隐藏"的资料之外，历史上还有过一些类似关于外星人和 UFO 的影像资料，虽然关于这些资料的真伪仍旧争论不休，但是我们有理由相信这或许是真的。

20 世纪 60 年代，巴西上空出现了一个不明飞行物，一个名叫詹姆斯·辉佛的巴西当地人有幸拍到了照片。这张照片的珍贵程度已经无须多言了，毕竟 UFO 的目击事件不少，但真的能够留下可视资料的证据确实没多少。

因为有照片佐证，辉佛的目击记录就更加可信了。他回忆当时的情况时这样说道："当时这个 UFO 距离地面大概 450 米，时速非常快，应该达到了 320 千米以上了。后来它在进行了一个直角右转弯之后，就降落在了林子当中。"

有人会想，这是不是伪证？确实，对于不合常理的事物我们都会抱着怀疑的态度去看待，科学家们更是如此。他们不会轻易接受一些稀奇古怪的东西，除非各方证据都可以证明它是真的。于是，很多人开始对照片进行分析鉴定，以确保不是误拍到了地球上的某些东西，或者说在照片上造了假。

在分析之后，人们首先确定拍摄的物品确实非地球所有，可以用不明物质来指代，显然它的造型不是自然的产物，而且看起来也不像是人类操控的飞行物，毕竟在照片流出之后都没有人前来表示这是自己的所有物。更何况这个飞行物就像穿着金属外衣的探空气球，有着非常强烈的金属反射性，看起来格外明亮，所以这些足够证实它并非地球上所有。

从另一方面来分析，也就是拍摄的角度，这不像是误拍到了什么，因为是从陆地对天空进行拍摄的，所以不可能是模拟拍摄。在对照片以及底片进行检查的时候，也没有发现影像重叠、用药水修片等技术手段，无论怎样看，都应该是原版的照片。没有摄影特技，再有心的人恐怕也无法从中挑出一点作假的痕迹来。

其实，UFO 的影像资料一直以来都非常珍贵，但并非仅有这张照片，澳大利亚墨尔本的一名电台记者就曾重金雇用摄影组，开着飞机拍摄了 UFO 的影像资料。和平面的照片不同，这名记者拍摄了一部足足有 7 分钟时长的影片，而且在影片中出现了 25 架 UFO，实在令人惊叹。

对此，怀疑的人同样很多，不过惠灵顿机场的工作人员表示，雷达屏幕上确实捕捉到了很多高速移动的飞行物，而当时空中的飞机只有进行拍摄的那一架而已。或许正是这一点，让这段影片成为很多媒体争相购买的宝贝。

当然，并没有某个权威机构站出来声明外星人来过地球的信息，所以这些影片和照片固然可信度很高，但仍有人固执地保持着怀疑的态度，毕竟要打破我们固守的常规，打破之前对宇宙的认知，还是有些困难的。但只要我们相信，总有一天外星人的疑团会被解开！

在地球"沉睡"的星际旅行者

在关于外星人多种多样的传言当中，我们了解最多的可能都是口口相传的话，除了少量的影像资料可以证明一些事实之外，我们还缺乏很多证据。但只要外星人来过地球，或多或少都会留下一些证据，而其中价值最高的可能就是外星人的尸体了。

在1950年的时候，有一个4米高、直径足足10米的UFO在阿根廷的潘帕斯草原坠毁了。潘帕斯草原地域辽阔，平时很少有人经过，所以有什么事情发生的时候很可能无人知晓。巧合的是当时一家房产公司的建筑师博塔博士正好驾车经过，虽然没能目睹UFO坠毁的过程，但他还是在公路旁发现了这个圆盘状、表面异常光亮的巨大金属物体。

博塔博士发现之后就停车靠近了这个不明物体，走进之后他发现不明物体上有窗户，通过这个窗户可以看到舱内有4把椅子，其中的3把椅子上都坐着"人"。这些生物和人类很像，有眼睛、鼻子等五官，也有头发和皮肤，但显然不是人类，因为这些生物身材非常矮小，皮肤是纯黑色的，还穿着金属色的服装。可惜博塔博士没能证实自己的猜想，因为这3个外星人显然已经死去了。

博塔博士坚信这是一起UFO坠毁事件，因为在座舱内有很多他看不懂但可以肯定是高科技的各种仪表。当时只有博塔博士一人，他并没有能力收集证据，于是他选择离开，第二天再带着人前来，可是当第二天他再来的时候，UFO 和外星人都已经不见了，只剩一堆灰烬。也许是离开的那个外星人销毁了证据，也或许是地球上某些需要隐藏外星人信息的机构加以掩饰，总之这件事只有博塔博士一人知晓了。

其实对于地球上是否存有外星人的尸体一直以来都存在着巨大的争论，像这件事一样，很多人表示出怀疑，当然还有一部分人坚信外星人是存在的，而有些机构则故意隐藏一切。比如罗斯威尔事件结束之后，就有很多人传言美军收藏了一具外星人尸体，但对此军方坚决否认。

除了这种争论不休的事情之外，也确实有外星人尸体留下的证据。1990 年的时候就有登山者在喜马拉雅山的冰雪当中找到了一些奇怪的金属残骸，而这些金属肯定是地球上不曾拥有的，更为可贵的是在 UFO 残骸现场还有 6 具外星人的尸体，回收这些尸体的时候发现他们之间的距离非常远，可以说零散分布在 3000 平方米之内，这些遗体周围还有一些地球上动物的尸骨。

可以肯定的是这些尸体一定不属于地球生物，因为他们高 1 米左右，头和眼睛的比例都非常大，相对而言四肢都非常纤细。这是对 UFO 和外星生命研究的宝贵资料，可惜的是喜马拉雅山常年低温积雪，这些残骸早就被封冻，这给搜集证据和研究带来了巨大的困难，研究人员甚至无法断定 UFO 的失事时间。

这起事件在给我们带来惊喜的同时，也留下了更大的疑团。这些外星人究竟是路过地球出了意外还是有意留在地球的呢？他们是上古时代来的还是什么时候呢？破解外星生命密码或许还需要很久，然而此项重任就落在我们这代人身上也未可知。

［ 未解之谜的外星猜想 ］

巨石阵、金字塔、麦田怪圈、幽灵飞机、亚特兰蒂斯、玛雅文明、神秘部落……

总有人有意无意地将它们与外星人联系在一起，

这究竟是捕风捉影，还是确有其事？

恐龙灭绝的元凶

约 6500 万年前，恐龙们在它们的乐园里尽情吃喝，无忧无虑。它们并不知道，有一场灭顶之灾正悄然而至。就在那再寻常不过的一天，天空骤亮，一道刺眼的白光从天而降，一颗小行星以 40 千米 / 秒的速度撞进大海。海底被撞出一个巨大的深坑，大量的海水迅速气化，喷向高空达数万米，随即掀起了一场前所未有的大海啸，以极快的速度扩散开来，海浪高达 5 千米，向着陆地呼啸而去。汹涌的巨浪席卷地球表面后会合于撞击点的背面，在那里巨大的海水力量引发了强烈的火山暴发，同时地球板块的运动方向发生改变。

灾难从天而降，地球上的生物们毫无准备。极地之雪融化了，植物被毁灭了，撞击产生的灰尘以及火山喷发带来的火山灰一时间致使天空混沌、暗无天日。气温骤降，大雨滂沱，山洪爆发，泥石流卷走了地球上的一切生物，包括曾经的主宰——恐龙。这场灾难持续了数月甚至数年，天空持续尘烟翻滚，乌云密布，地球因终年见不到阳光而处于低温状态，苍茫大地毫无声息。地球上一个繁荣昌盛的时代结束了。

这是科学家们为我们描绘的 6500 万年前恐龙灭绝时的壮烈一幕，也是迄今为止，在众说纷纭的关于恐龙灭绝的猜疑学说中最为权威的一个。的确，地球上有太多的生物种类出现又消失，这是生物演化史上的一个必然过程。然而，像恐龙这样庞大的地球主宰，何以会突然间消失殆尽呢？究竟在 6500 万年前白垩纪结束的时候发生了什么，这不得不引起我们的种种猜疑。对此，科学界众说纷纭，争论不休。

有的科学家认为 6500 万年前发生了地质造山运动，平地上耸起许多高山，于是沼泽减少，气候逐渐干燥，而恐龙的呼吸器官无法适应干冷干热的环境，再加之冬天来临，食物短缺，所以被迫才走上了绝路。

地质学家认为在恐龙时代，地球只有一块大陆，也就是"泛古陆"。由于地壳变化，这块大陆在侏罗纪发生了较大的分裂和漂移，最终导致气候环境的变化，恐龙因此灭绝。这就是所谓的"大陆漂移说"。

有的人则认为恐龙是中毒而死的。证据是白垩纪晚期开始出现有毒花植物，这些花中毒素很多，而恐龙食量又大，导致中毒而死。

"气候变迁说"认为，6500 万年前地球气候骤变，气温大幅度下降，造成大气氧含量下降，令恐龙无法生存。

还有一种"物种争斗说"，认为在恐龙时代末期，最初的小型啮齿类哺乳动物出现了，它们可能以恐龙蛋为食。这些小型动物缺乏天敌，最终吃光了恐龙蛋。

"酸雨说"认为白垩纪末期可能下过强烈的酸雨，使土壤包括锶在内的微量元素被溶解，恐龙通过饮水和食物直接或间接地摄入锶，出现急性或慢性中毒，最后一批批地死掉。

当然，关于恐龙灭绝的假说远不止以上几种，它们只不过是在科学界中拥有较多支持者的那些。尽管如此，上面每一种假说仍然都存在不完善的地方。例如，"气候变迁说"根本不能阐明气候变化的原因。"物种斗争说"也存在漏洞。经考察，恐龙中某些小型的虚骨龙，足以同早期的小型哺乳动物相抗衡。至于"大陆漂移说"，在目前的地质学中，它本身也只是一个假说，并不能拿来当作证据。"食物中毒"和"酸雨说"同样缺乏足够的证据。

照此来看，也只有小行星撞击地球似乎是更为可靠的假说了，但经不断考察，它也存在诸多疑点。首先，小行星一般都是由硅、铁类元素构成，而这样巨大的小行星坠落地面何以毫无踪迹可循？其次，仅一颗小行星撞击而扬起的尘埃能把当时地球上绝大多数动植物埋入深达几千米的岩层中吗？最后，"小行星撞击地球说"最主要的佐证依据就是1980年美国科学家在6500万年前左右的地层中发现了超过正常含量几十倍甚至数百倍的铱元素，而这样浓度的铱在陨石中可以找到。可是，一颗小行星所含的铱元素能均匀地散布乃至覆盖整个地球吗？铱元素在地球深处同样存在，为何只推测它来自地球以外而不是地球内部呢？

近年，最后一批"恐龙犄角化石"在美国蒙大拿州东南部的一片荒地被发现，它们被发现时位于岩石层下13厘米处。众所周知，化石发现的位置就是恐龙死去的位置，莫非这些犄角恐龙是恐龙时代最后的一批恐龙，直到它所有的同类都消失，它才走上灭绝？那么，这是不是说明恐龙灭绝并非像小行星撞击地球所假想的那样迅速灭绝，而是慢慢走向灭绝的呢？如果是慢慢灭绝，那么这个过程持续了多长时间，又是怎样发生的呢？

终于有人别出心裁地将恐龙灭绝同外星人的干预联系了起来。国外一个研究小组在对恐龙进行了20年的研究后，得出一个惊人的结论：外星人消灭了恐龙。最早提出这一假说的是苏联古人类学家巴罗诺夫，他称："6000万年前外星人公开猎取恐龙，并在几千年中消灭了这种动物。恐龙与鸟类有关，而非从前人们所认为的与爬虫有关。对外星人来说，恐龙只是巨大的味道好极了的'鸡'，每年都要猎走许多，恐龙肉在外星成了名贵物品。"近年在北极地区发现的恐龙墓场似乎也证实了他的理论。在那里，成千上万的恐龙头骨上，有尖利的、像被激光设施切割后留下的痕迹。这引得更多的人坚信外星人不但猎取恐龙，还很可能将恐龙掳走进行饲养。

巴罗诺夫的理论曾得到不少的支持者，世界其他古人类学家就对此纷纷表示赞同。或许正如英国某专家所说的那样，过分狩猎而使得动物绝种的行为既然在我们地球已是屡见不鲜，那么为何不能大胆猜测，是外星人的馋嘴导致恐龙灭亡的呢？

奥克洛核反应堆，外星人的杰作

那是一个非常遥远的年代，整个世界混沌一片，大地荒凉，毫无生机。突然，神从天而降，并伴随着耀眼的光芒。神拿起地上的矿石，凿出两个石像，一个男人，一个女人，石像散发着光芒，茫茫黑夜从此有了白昼。一天，狂风怒吼，电闪雷鸣，石像变成活人，从此结成夫妻，生儿育女，子子孙孙繁衍不息，形成了今天美丽的奥克洛。

奥克洛坐落在非洲中部的加蓬共和国，是个风景秀丽的地方。当地世代流传着这个古老传说，至今人们对故事中那位开天辟地的造物主仍深信不疑。

除此之外，奥克洛还隐藏着一件更加神秘的事件。1972 年，奥克洛开采出大量的铀矿石，很快这些铀矿石被运送到殖民属国法国的一家工厂进行科学鉴定。鉴定发现，这些铀矿石中的核燃料成分也就是铀235的含量偏低，甚至不足0.3%，而一般铀矿的铀235含量为0.73%。

这种奇特的现象立刻引起科学界的高度重视和关注，科学家们运用各种方法和手段来探寻矿石中铀含量偏低的原因。经过不断的探讨研究，科学家们得出这样一个论断，即这些铀矿石已被燃烧过，是被人用过的。这一发现无疑轰动了整个科技界。要知道，该矿成矿年代大约在20亿年前，20亿年的时间里，究竟谁动用过呢？

各国的科学家纷纷前往奥克洛铀矿进行深入考察研究。经过长时间的共同努力探索，科学家们断定在奥克洛存在着一个十分古老的核反应堆，也叫原子反应堆。该反应堆由6个区域的约500吨铀矿石组成，虽然它的输出功率只有1000千瓦左右，但的确是个设计科学、结构合理，并且保存完整，已经不中断地运行了20亿年的原子反应堆。

那么，是谁建造了这个迷你的核反应堆呢？科学家们再度陷入迷惑，努力研究后给出这样一个答案：原来在20亿年前，这里曾发生地质变迁，水渗入奥克洛铀矿区，从而引发铀矿中铀进行天然的自持链式核裂变反应，产生能量，这才致使含量奥克洛铀矿区的铀235浓度值严重偏低。从此，科学界将这一例天然的核反应堆称为奥克洛现象。

但这个结果并不能使大多数人信服。科学家指出，所谓核反应堆，是指使铀等放射性元素的原子核裂变以取得原子能的装置。这种装置绝对不可能自然形成，只能按照严格的科学原理和程序，采用高度精密而先进的技术手段和设备，由科学家和专门技术工人来建造，只有用人工的方法使铀等通过链式反应或氢核通过热核反应取得原子能。更何况，奥克洛的核反应堆已经成功运行了近20亿年，其中并没有迹象表明曾发生过中断或失控，否则将导致矿脉被破坏，发生爆炸。一切似乎是井然有序的。这太不可思议了。要知道，想要发生核裂变链式反应，先要有大量高含量铀235，而天然铀矿中只含有极少比例的铀235；即使铀235足够多，要想发生核反应却不导致核爆炸，还必须使用中子慢化剂（如重水等）；即使上述两个条件满足了，也并不等于真能发生持续的核反应，还必须对铀与慢化剂进行某种比例的配置。

简言之，要说这一系列都是大自然的就地取材、浑然天成，也太过匪夷所思了。如果不是自然形成，那么这个原子反应堆究竟是谁设计、建造和遗留下来的呢？

早在20亿年前，地球上还只有真核细胞的藻类，直到新生代第四纪更新世早期，距今300多万年前时，才出现了早期的猿人。人类历史上，也直到第二次世界大战末期，才制造了第一颗原子弹。1950年，美国设置在爱达荷州荒漠的一座实验室中，科学家们第一次研究出如何用原子能发电。1954年，苏联建造了世界上第一座核电站。这样看来，距今20亿年前，在奥克洛建造的原子反应堆如非出自自然之手，那也绝不会是地球人所为。那么还有一个可能，就是天外来客。

科学家们对此大胆推测，20亿年前外星人乘坐"原子动力宇宙飞船"来到地球，选择奥克洛这个地方建造了原子反应堆，以原子裂变或聚变所释放的能量为能源动力，为它们在地球上的活动提供能量。后来，它们离开地球，留下了这一古老而又神秘的原子反应堆。

遥想奥克洛土著人口耳相传的神话，那个从天而降的"神"，或许就是指那些突然造访地球的外星人。而那个能放出耀眼光芒的石像，也可能是受原子辐射照射的某些介质被加热后所释放出的光。

关于奥克洛核反应堆，究竟是自然形成的还是外星人的杰作，恐怕还有待于人们进一步的研究和探索。

由飞船故障引发的通古斯大爆炸

1908 年 6 月 30 日凌晨，位于西伯利亚森林的通古斯河上游瓦纳瓦拉镇以北 50 公里的密林上空，突然出现一个巨大的火球，其光亮比太阳更甚，拖着长长的尾巴，伴随着噼里啪啦的怪声从天而降，接着发出一声巨响，巨大的蘑菇云腾空而起，天空出现了强烈的白光，气温瞬间变得灼热烤人，爆炸中心区草木焦枯，70 公里外的人也被严重灼伤，400 公里外的教堂被掀掉了屋顶，800 公里外的铁轨随地面的震动而颠簸，1000 公里外的人们也听到了振聋发聩的爆炸声。不仅附近居民惊恐万状，其他国家也受到影响。英国伦敦的许多电灯骤然熄灭，一片黑暗；欧洲许多国家的人们在夜空中看到了白昼般的闪光，甚至远在大洋彼岸的美国，人们也感觉到大地在颤抖……

这是有史以来人类真正耳闻目睹的最大爆炸。专家们估计，它的能量相当于 3500 万吨 TNT 烈性炸药，或相当于几千颗 1945 年 8 月投掷在日本广岛的原子弹同时引爆。

令人惊讶的是，对于当时的这场大爆炸，居然只有很少的科学家感兴趣，可能是由于通古斯地区过于偏远，保留下的调查记录少之又少。不过，就算当时有任何调查，大概也会在接下来的一连串混乱中遗失——第一次世界大战、俄国革命和俄国内战，然后又是第二次世界大战。

现存的第一个对此进行的调查是在 12 年后。那是在俄国十月革命后，苏维埃政权于 1921 年派遣科学院的矿物学家到达通古斯河地区，目的是为了找到大爆炸的确切地点，如果有幸能发现什么大陨石就最好不过了，陨石中的铁可能会挽救苏联工业。1927 年，调查队终于找到了爆炸地点，然而令他们惊讶的是，哪里有什么陨石或陨石坑，只有一片约 50 公里范围的烧焦枯死的树。少数靠近爆炸中心的树没有倾倒，但树枝和树干也脱了一层皮，整个树身向着爆炸相反的方向倾斜。另外还发现一些有趣的现象，爆炸地区的树木生长速度加快，其年轮宽度由 0.4 毫米至 2 毫米增加到 5 毫米以上；爆炸地区的驯鹿都得了一种奇怪的皮肤病；等等。

接下来的 10 年间，另有 3 支队伍被派到这一区域进行调查。1938 年，调查队从空中对爆炸中心区域进行照相，发现树是以蝴蝶形状发生倾倒的，但仍然未发现陨石坑。不久"二战"爆发，苏联对通古斯大爆炸的考察也被迫中止。

"二战"后苏联物理学家卡萨耶夫访问日本，于 1945 年 12 月到达广岛，4 个月前美国在这里投下了原子弹。卡萨耶夫亲赴广岛废墟，顿然想起了通古斯，两者竟有着惊人的相似之处。比如，爆炸中心的树木直立而没有倒下，特别是那些枯树林立、枝干烧焦的照片，看上去与广岛的情形十分相似。两次爆炸产生的蘑菇云形状相同，只是通古斯的要大得多。这让卡萨耶夫萌生了一个大胆的想法：通古斯大爆炸是一艘外星人驾驶的核动力宇宙飞船在降落过程中发生故障而引起的一场核爆炸。

到了 20 世纪五六十年代，调查重新启动，科学家在这个地区发现了极小的玻璃球洒在土地上。化学分析显示球内含有大量的镍和铱，这是在陨石中常见的金属，而且也确定它们是来自地球以外。于是，陨星说一派认为这是有利的证据，至于为什么没有找到陨石坑，有人认为坠落的可能是一颗彗星，因此只产生了尘爆，而无法造成中心陨石坑。

1973 年，一些美国科学家对此提出了新见解，他们认为爆炸是宇宙黑洞造成的。某个小型黑洞运行在冰岛和纽芬兰之间的大西洋上空时，引发了这场爆炸。但是关于黑洞的性质、特点，人们知之甚少，更何况小型黑洞是否存在尚是个疑问。因此，这种见解也还缺少足够的证据。直到今天，通古斯大爆炸之谜仍未解开。

纳斯卡巨画，天外来客的遗迹

善于发现的人总会有些惊人的发现。20 世纪初，一位飞行员在飞过秘鲁西南部的纳斯卡高原时，发现地面呈现出许多奇怪的线条。最初，他以为这些线条是古印第安人遗留下来的古老的运河水系，于是将线条标记下来。后来，这张奇怪的地图辗转到了历史学家鲍尔·科逊克手里。他认为这些线条没那么简单，于是率领一支考察队来到纳斯卡高原。谁料，他这一去竟有了惊人的发现。

这不是什么古运河，而是一幅幅惊世巨作。就在纳斯卡这片大漠上，遍布着各种图形，如三角形、四边形、螺线、平行线，还有各种动物的图案，如昆虫、蜘蛛、蜥蜴、蚂蚁、猴子、蜂鸟等。不要觉得这是很容易就能做到的事，即使是在科技如此发达的今天也十分不易，更不要说这些画已经存在于这片沙漠 2000 年了。

是的，经过考察队的认真勘探，这些线条实际上是将黑褐色的地表石头向下剖开十几厘米，使之露出黄白色的沙土所形成的一条条连贯的沟槽。这些沟槽那么完美，每幅图都是用一根连绵不断的线条一笔勾成，精美而精确。精确到什么地步呢？ 46 米长的细腰蜘蛛并非当地所有，而是一种十分罕见的"节腹目"蜘蛛。这种蜘蛛只生存在亚马逊河流域最偏远、最隐秘的森林中，可这幅图却十分准确地勾勒出了蜘蛛的体形，特别是它右脚末端长长的交接器。另外，还有鲸、章鱼等地处千里之外的海洋生物的图案。当考古学家整理完这些巨幅图案时，惊人地发现它们最长的可以绵延 8 公里，而其中飞禽走兽更是多达 18 个种类。

经过鉴定，这些图案形成于距今 2000 年前。然而，是谁创造了它们，如何创造的，目的是什么？人们百思不得其解。最早对其进行考察的考古学家科逊克在这些问题上也徘徊了 30 年。30 年后的一天，他同妻子再次来到纳斯卡高原，这次有了惊人的收获。他们发现太阳落下的位置正好重合于巨鹰啄相连的那条笔直长沟的尾端。当他们从这惊奇的发现回过神来时，才意识到这一天正是 6 月 22 日，也就是南半球的冬至，一年中最短的一天。

科逊克灵机一动，意识到这些图案很可能是一种天文历。于是，他们特意赶在南半球夏至的那天抵达纳斯卡高原，再次发现西斜的光线和这条沟重合。这让科逊克更加坚信自己的看法，他开始把这些图案和星相图进行对照，然后惊奇地发现这些沙漠图竟标明了整个四季的天文变化。这部"天文历"标记了月亮升起的地点以及最明亮的星的位置，就连整个太阳系的各大行星都被标上了各自的线和三角形。这一系列发现使纳斯卡巨画成为世界第八大奇迹，并于1994年被联合国教科文组织列入《世界遗产名录》。

纳斯卡巨画的惊人发现震撼了全世界，同时也带来了一连串的疑问。在这种不适合人类居住的沙漠中，究竟是谁，又是怎样将巨画制作出来的呢？如果是纳斯卡人所为，那么他们用了怎样的测量仪器才使得这些巨画的各个部分保证了相应的比例呢？这些沟由南向北十分精确，误差不超过一度，以当时的技术，是如何保证如此精度的呢？人们站在地面上是无法看出纳斯卡巨画的形貌的，最低也要站在300米的高空才能看清巨画的全貌。就算纳斯卡人运用了某种特殊的技能创作出了巨画，那么他们又是怎样欣赏自己的杰作的呢？既然自己无法欣赏，那么是供谁欣赏的呢？

不久，考古学家又在距纳斯卡几百公里的英伦道镇岩石上发现了许多巨大的标志；在智利的山及沙漠中又找到许多巨型图案，包括直角形、箭头形、矩形和机器人的图案。

值得一提的是，在秘鲁山区的纳斯卡人后代中一直流传着"会飞的物体"的传说。根据传说，很久以前，曾有一群来历不明的智慧生物在这里登陆，并建造了临时机场，设置了着陆的标志。这些生物来往多次以后，最终离开了地球。这个传说在出土的纳斯卡陶器和织物的残片上都得到了印证，上面都饰有飞行的图案，例如像鸟一样飞的人。要知道，人类真正开始制造并使用飞行工具是在 19 世纪以后，何以 2000 年前的人却记载了"会飞的物体"呢？难道，真像传说中所记载的那样，是天外来客所为，或者是受过它们的指点？

离纳斯卡不远的地方还矗立着玛雅人的金字塔，这是不是说明纳斯卡文明和玛雅文明有什么相通之处？或者古纳斯卡人与玛雅人一样，有着远远超出我们想象的智慧呢？看来，这一切都是解开巨画之谜的钥匙。

复活节岛石像的制造者

1722 年复活节的那天，荷兰探险家罗格温和他的水手们在海上漂泊数十日之后登陆了。他们不知道自己登陆的这个小岛是什么地方，只知道它远远地孤立于太平洋东南部。罗格温有些激动，他简直可以断定自己发现了一块新大陆。没想到，激动的心情还未平复，他很快又有了瞠目结舌的新发现——这个巴掌大的小岛竟遍布着数以百计的巨石雕像，它们一律半身，外形大同小异，全部面朝大海，表情冷漠地凝视着同一个方向……

1888 年智利政府接管这里的时候，正巧又是复活节，于是人们开始称它为复活节岛。该岛呈三角形状，长 24 千米，最宽处 17.7 千米，是个只有 117 平方千米的小岛。它是地球上最孤独的一个岛屿，向东越过 3600 千米的海面才能见到大陆（智利海岸），离它最近的有人居住的岛屿是皮特凯恩岛，远在西边 2000 千米处。直到 1722 年罗格温发现它的那天，岛上的原住居民才与外界有了联系，此前他们的文明水平一直处于石器时代。

岛上原住居民对该岛有自己的称呼，翻译过来为"大地"，传说还有一种从祖上传下来的名称，叫"世界的肚脐"。一开始，人们对这一称呼并不理解，直到后来宇航员从高空鸟瞰地球时发现该岛孤立在浩瀚的太平洋上，确实像极了一个小小的"肚脐"。这令人更加费解了，莫非古代的岛民也曾从高空俯瞰过自己的岛屿吗？那么是谁，又用了什么飞行器把他们带到高空的呢？

复活节岛最令世界瞩目的地方还是那些屹立在海边的巨石像。这些石像一般高 7—10 米，最高的达 22 米，重 30—90 吨，有的只一顶帽子就重 10 吨。石像周身由整块暗红色火成岩雕凿而成，眼睛是专门用发亮的黑曜石和贝壳镶嵌上去的，格外传神。这些石像个个额头狭长，鼻梁高挺，眼窝深凹，嘴巴噘翘，大耳垂肩，胳膊贴腹。远远望去，就像一队准备出征的武士，十分壮观。

这些巨石像不但造型奇特，且雕技精湛，考古学家判断必须由许多手艺精湛的工程师耗费大量的精力才能完成。如果说雕刻工作是在采石场完成的，那么它们又是怎样被运送到海岸高台上的呢？虽然人们通过不断的模拟实践，证明的确可以仅使用简单的撬棒、粗绳、雪橇等古代工具，运用省力的技巧和巧妙的分工，将石像移动到预定地点并稳固地竖立起来，但雕刻运送成百上千座这种巨像所耗费的人力和时间是难以想象的。

更加奇特的是，对于这些巨像的由来，岛上遗留下来的为数不多的原住居民却丝毫没有印象。而岛上另外还存有 300 多座半成品巨像，这说明雕刻巨像的工程是突然间停止的。小岛究竟发生了什么事，才致使那些工程师们放弃了手头的工作？

随着科技的进步，以及科学家们坚持不懈的努力，覆盖在巨像身上的神秘面纱正逐渐被揭开。比如，对于文明水平只停留在石器时代的古人来说，这些巨像虽然耗时耗力，却并非不可人为。再如，科学家们认为石像象征的是已故部落的酋长或宗教领袖。然而，这些所谓的"正统解释"也有不少猜测的成分。至于岛上原住民为何记得祖先称小岛为"世界的肚脐"，却不记得这众多的石像的由来；这些巨石虽分散在岛上各个地方，但无一例外的是，它们的目光全都注视着同一个方向，仿佛在期待着什么。它们是在等待什么人吗？石像工程半途而废，是不是说明它们已经等到了那个人呢？那么，曾如此被期待着的人究竟是谁？这一系列疑问还有待人们进一步探索研究。

埃及金字塔的建造者

"为他建造上天的天梯，以便他由此上到天上。"这句铭文被发现在古埃及第五王朝末期的法老们的金字塔上，意思是祝福法老沿着金字塔的阶梯，迎着倾斜面的阳光，顺利升到天国。

现世中已发现的古迹中，最令人惊叹的莫过于埃及金字塔了。古埃及王国的最高奴隶主也就是法老，死后都要安葬在巨大的石头坟墓中，作为永久性的住所。到了第二王朝至第三王朝的时候，古埃及人产生了国王死后灵魂要升天，成为神的观念。在古埃及，人们把初升的太阳比作生命的开始，把夕阳比作生命的终结。于是，法老们开始在尼罗河的西岸建造自己的天梯，这就成了我们现在所看到的金字塔。

尼罗河西岸如今坐落着80多座金字塔，它们大小不等，但均巧夺天工，其中最大也最瞩目的要数胡夫金字塔了。胡夫是古埃及王国第四王朝的法老，埃及史书上称他为齐阿普斯。胡夫金字塔建于公元前2690年左右，原高为146.5米，因年久风化，顶端剥落10米，现高为136.5米；底座每边长为230多米，现长为220米，三角面斜度为52度，塔底面积达52900平方米。整个金字塔塔身由230万块石头砌成，每块石头平均重2.5吨，最大的重达160吨。

除了规模巨大外，胡夫金字塔还以其高超的建筑技巧得名。据勘测发现，金字塔塔身的石块之间并无水泥之类的黏着物浇铸，而是一块块石头叠起来的。每块石头都经过了仔细的打磨，以致使整个塔身屹立数千年而不倒。即使到了现代，人们也很难把锋利的刀刃插入石块之间的缝隙。另外，在金字塔塔身的北侧离地面13米高处有一个用4块巨石砌成的三角形出入口。如果这个出入口不是砌成了三角形，而是砌成四边形或其他形状，那么100多米高的金字塔本身的巨大压力将会把出入口压塌，而用三角形却巧妙地将巨大的压力分散开了。现代学者对此赞叹不已，很难想象4000多年前的古埃及人已经对力学原理有了这样透彻的理解和运用。

金字塔令人吃惊的地方实在不只是这一两点，胡夫金字塔本身还存在着一系列的数字巧合。

现代科学通过精确测量，得出日地平均距离为 149597870 千米，而把胡夫金字塔的高度 146.59 米乘以 10 亿，其结果正好是 14659 万千米。这是巧合吗？如果是，那为何胡夫金字塔的子午线又恰巧把地球上的陆地与海洋分成相等的两半。如果不是巧合，难道说埃及人在远古时代就已经能如此精确地掌握并测量日地距离了吗？

另外，早在拿破仑进军埃及时，法国人就发现从胡夫金字塔的顶点引出一条正北方向的延长线，那么尼罗河三角洲就会被等分为两半。如今，科学家们将这条线继续向北延伸直到北极，发现这条延长线只偏离北极极点 6.5 千米。要知道北极极点在经过 4000 年的地球运动后，难免发生变动。如果真是这样，那是不是在金字塔建成之时，这条线正好同北极点重合呢？

现在再来看金字塔本身的数字。如果将胡夫金字塔的底部周长除以其高度的两倍，得到的商是 3.14159。这恰巧就是圆周率，其精确度远远超过希腊人算出的圆周率 3.1428，与中国的祖冲之算出的圆周率在 3.1415926 到 3.1415927 之间相比，几乎是完全一致的。

胡夫金字塔内部的直角三角形厅室，各边之比为 3 : 4 : 5，这正是勾股定理的数值。胡夫金字塔的总重量约为 6000 万吨，如果乘以 10 的 15 次方，正好是地球的总重量。

这些数字难道只是巧合吗？这也太匪夷所思了。如果不是巧合，那就意味着古埃及人的智慧在 4000 年前已经达到了我们难以想象的程度。还是说，只有当时的设计者掌握了这种智慧，而他没有将其流传下来，却故弄玄虚地隐藏在了金字塔中。如果真是这样，又是为什么呢？莫非当时的设计者，也就是此等智慧的拥有者有着什么不可告人的秘密？

抛开金字塔这匪夷所思的设计来看，金字塔又是怎样建造起来的呢？胡夫金字塔是用上百万块巨石砌起来的，每块石头平均重 2.5 吨，最重的有 160 吨。开采本身就已经困难重重，更不要说运送和搭建了。尽管科学家们对此进行了种种设想，但同时又遭到种种质疑，直到螺旋式建造法被提出来，才得到大多数人的认可。所谓螺旋式建造法，即沿着四面墙壁建成螺旋式的阶梯，一边上楼梯，一边往上盖，这样就不需要用到杠杆、撬棍、起重机了，更为重要的是，这是唯一一种比较符合当时客观条件的合理方法。

不管怎样，我们丝毫不怀疑胡夫金字塔的建造是出自人类自己的智慧，在金字塔的建造过程中，一定集中了当时埃及人所有的聪明才智，因为它需要解决的难题太多了。但现在看来，这些难题一定得到了解决，因为金字塔是确确实实存在着的，站在通往基泽的路上，在金字塔棱线的角度向西方望去，金字塔就像撒向大地的太阳光芒。

至今，仍有许多人宁愿将金字塔与外星人的干预联系起来。的确，有关金字塔的谜团还有很多，以我们现在的科学水平尚不能一一解开，只能留给后世继续探寻了。

干预 "死亡之丘" 的毁灭

距今 4000 年前，印度河流域坐落着一座繁华的文明城市。然而，突然有一天，这座城市的居民几乎在同一时刻全部死去，整座城市也在那一刻覆灭。直到 1922 年，印度考古学家巴那耳季在印度河的一个小岛屿上发现了它的遗迹，这才让这个曾经繁荣一时的文明重见天日。

自从这座遗迹被发现以来，相关的谜团接踵而至，尤其对于它是如何突然瞬间毁灭的，人们进行了种种猜测，却始终得不到完美的答案。于是，当地人给这座城市起了个奇怪的名字——摩亨佐·达罗，意思是"死亡之丘"。

根据碳 14 测定，该遗址的年代为公元前 2500 年到公元前 1500 年间，虽然其历史比古埃及和美索不达米亚文明略晚，但影响范围较之前者似乎更大，因为在距"死亡之丘"几百公里以外的北方，也发现了布局相同的城市和规划一致的造房用砖。

从目前发掘的遗址看，"死亡之丘"非常繁华，整座城市占地 8 平方千米，分为西面的上城和东面的下城。上城住着地位较高的宗教祭司和城市首领，因而四周的城墙和壕沟十分宏伟而庞大，城墙上还有瞭望塔，城内有带走廊的庭院、有柱子的大厅以及举世闻名的摩亨佐·达罗大浴池。浴池的面积达 1063 平方米，由砖砌成，地表和墙面均以石膏填缝，再盖上沥青，因此滴水不漏。浴场周围并列着单独的洗澡间，入口狭小，排水沟设计巧妙。

与上城精致的建筑相比，下城显得较为简陋，房檐低矮，布局也不规整，大概这里住着的是地位较低的市民、手工业者、商贩以及其他劳动群众。

总的来说，这座城市有着明确的建筑规划，布局科学、合理，甚至已经具备现代城市的某些特征了。整座城呈长方形，上下两城有街区相通，街道纵横犹如棋盘。居民的住宅大多都是两层楼房，临街一面没有窗户，大概是为了规避灰尘和噪声。几乎家家户户都有浴室、厕所以及与之相连的下水系统。不但如此，庭院的布局（住宅大多是中心地方设置庭院，四周设置居室）也能体现出该城居民的生活安详舒适。

经考古发现，这座城市已经达到了相当高的文明水平，出土的大量精美的陶器、青铜像以及各种印章、铜钱等，还有2000多件记录了文字的遗物，都是最好的证明。

唯一奇特的一件事是，在古城的发掘过程中，人们发现了许多人的骸骨，从这些骸骨的姿势来看，有的正沿街道散步，有的正在家休息。就像是灾难不期而至，在同一时刻，全城的人全部死于横祸。于是繁华的城市成了废墟，藏在印度河流域深处。

关于这座城市的毁灭，科学家经过了大量的实地考察，提出了洪灾、瘟疫和外族入侵几种可能。另外，英国科学家杰汶波尔和意大利科学家温琴季还提出一个惊人的假说：摩亨佐·达罗城遭受了核弹袭击。

首先，科学家发现该城市虽然的确是建立在一座有着充足水源的河流岛上的，但考古发现该城市并没有遭受过洪水灾害的痕迹。反而城中留下的痕迹表明这里曾经发生过一场大规模的爆炸。

杰汶波尔温琴季经过大量的实地勘察，在废墟中找到大量烧熔的黏土和矿物碎片。罗马大学和意大利国立研究会实验室经过实验后发现：它们被烧熔的温度在14000℃至15000℃之间。以当时的生产力，这么高的温度只可能在冶炼作坊的锻造炉内达到。而大量而又分散存在的烧熔黏土和矿物碎片是绝不可能在少数的锻造炉中形成的，那么只可能是持续多日的森林大火导致的。然而，岛上从未有过森林。这样推测下去，两位学者认为可能是大爆炸。

按照这个思路，科学家们很快发现了明显的爆炸遗迹，有一块地方可能是爆炸中心，因为那里的建筑被夷为平地，且破坏程度由近及远逐渐减弱，最边缘处的建筑几乎完好无损，非常像原子弹爆炸后的迹象。

另外，在印度古代梵语叙事诗《摩诃婆罗多》中有一段关于大爆炸的描写："好像自然的威力一下子迸发了出来。太阳在旋转，武器的热焰使得大地熊熊燃烧。大象被火烧得狂奔，想躲避这可怕的灾难。河水沸腾，百兽死去，敌人一片片倒下，尸体狼藉。马和战车都被烧毁了，整个战场一片大火劫后的景象。海面上死一般的沉寂，起风了，大地亮了起来。这真是一幅令人毛骨悚然的画面，死者的尸体被可怕的大火烧得肢体不全，不复成形。我们从来没有见到过或听说过这样一种武器。"

古老的印度传说是凭空捏造还是确有其事呢？如果确有其事，文中所形容的景象是在暗示什么？文中所说的"这样一种武器"又是什么呢？这种武器是否制造了那场足以毁灭一座城池的大爆炸呢？

现今的很多科学家则认为，是神秘的黑闪电毁掉了这座城市。黑闪电是由罕见的球状闪电演变成的，它们体积小，亮度极低，像一团黑雾，但蕴含着巨大的能量，不会被一般的避雷设施所阻挡。当它们聚集起来后，就能发出毒气，毒气累积多了就会发生猛烈的爆炸。一旦发生一处爆炸，就能引起连环爆炸，瞬间产生15000℃的高温。这样一来，与出土文物所带有的特质就相吻合了。

不过，在大爆炸说的基础上，英国学家鲍尔特和意大利学者钦吉延伸想象，提出一种"宇宙飞船爆炸说"。两位学者认为，黑闪电并不会无缘无故出现，与其相信自然条件下形成神秘黑闪电，倒不如相信外星人的干预。于是，他们认为在距今4000年前，一艘外星人乘坐的核动力飞船飞临印度，却碰到了某种机械故障或其他意外发生了爆炸，结果连累这座古城瞬间毁灭。这个学说获得了不少支持者，因为在那遥远的过去，只有外星生命才可能制造那场大爆炸。难道外星生命真的是那场大爆炸的制造者吗？现在看来，这仍旧是个未解之谜。

与玛雅文明的起源与失落有关

1839 年，当探险家史蒂芬斯一头扎进新大陆的热带雨林时，绝不会想到有一天他会在那里邂逅一个神奇而失落的古代文明。无论是史料记载，还是考古发现，人类的历史文明几乎全部起源于大河流域，谁又曾想过湿热的原始雨林中会隐藏着一段与世隔绝的文明奇迹。

玛雅文明得名于印第安玛雅人，是美洲印第安玛雅人在与亚、非、欧等古代文明相隔绝的条件下，独立创造的伟大文明，现今被发现的遗址主要分布于墨西哥、危地马拉和洪都拉斯等国的热带雨林地区。

在这片不宜耕作的密林中，玛雅人既没有金属工具，虽制造出了车轮却从不使用，更没有饲养家畜，他们仅仅采用新石器时代的生产工具，却创造出了如此灿烂的文明：高耸的金字塔神庙、富丽堂皇的宫殿和天文观象台，以及雕刻精美、含义深邃的纪念性石碑和精美绝伦的装饰雕刻，每一样都令人赞叹不已！

自 1839 年史蒂芬斯第一次在热带雨林中发现玛雅文明遗址以来，世界各国考古人员在中美的丛林和荒原上共发现 170 多处玛雅古城遗迹。从这些考古发现来看，玛雅人在南美热带丛林中建造了一座座规模惊人的巨型建筑。其中最大的提卡尔城令许多现代城市的设计师也自叹不如：建于 7 世纪的帕伦克宫，殿面长 100 米，宽 80 米；乌克斯玛尔的总督府，由 22500 块石雕拼成精心设计的图案，分毫不差；奇琴·伊察的武士庙，屋顶虽已消失，巍然耸立的 1000 根石柱仍然令人想起当年的气魄。这一切都使人感到，这是个不平凡的民族。

　　除此之外，在劳动力如此低下的年代，玛雅人却拥有了高深莫测的智慧。他们创造了 20 进位和 18 进位的数学体系，并使用一点、一横和一个代表"零"的贝形符号来表达任何数字，这种原理简直就是今天计算机的"二进位制"的基础。我们已知的阿拉伯数字（包括"零"的概念）是阿拉伯人从印度传到欧洲的，古代欧洲根本没有如此简单的数字概念。希腊人虽然擅长发明，但也必须用字母来写数目；罗马人虽然会使用数字，但只能用图解方式以 4 个数字来表达。

　　玛雅人的历法也十分高深，他们有以 260 日为周期的卓金历、以 6 个月为周期的太阴历、以 29 日及 30 日为周期的太阴月历、以 365 日为周期的太阳历等不同周期的历法。现代天文观测一个地球年为 365.2422 天，而玛雅人早已测出一年是 365.2420 天。更奇特的是，玛雅人计日的单位出奇地大，比如考古学家已知的最小的单位 20 金 =1 乌纳（月）或 20 天，最大的单位 20 金奇盾 =1 阿托盾或 23040000000 天。这个数字单位大到即使现代人也用不上，似乎只有天文学家为了表示星系间的距离，才有可能用到如此大的数字单位。再如玛雅人的卓金历是以一年为 260 天计算的，奇怪的是太阳系内没有一个星球是适用这种历法的。据推算，玛雅人的历法可以维持到 4 亿年以后，计算的太阳年与金星年的差数可以精确到小数点后 4 位。

　　玛雅人还有一套自己的文字体系，那是一套用 800 个符号和图形组成的象形文字，词汇量多达 3 万个。令人诧异的是，玛雅文字比现在的文字更为复杂，如果说字母文字是一维，只有左右之分的话，汉字则是二维，有上下左右之分，玛雅文字却是三维，不仅有上下左右之分，还有远近之分。其阅读顺序是先左后右，先上后下，先近后远。众所周知，有了文字才有了历史，文明才得以传承，但玛雅人的文明并没有因为文字而沿承下来。现在，玛雅人的后裔仍然过着新石器时代的生活，虽然还有 200 万人在说玛雅话，但已经没有人会书写了，部分人甚至对曾经的文明一无所知。

　　令人匪夷所思的是，玛雅人所创造的高度文明与他们当时的生产力水平实在是不相符。你很难想象，巢居树穴、以采集为生的原始部落，会用得着计算太阳年与金星年的公差。与它奇迹般地崛起和发展一样，它的衰亡和消失也同样充满了神秘色彩。公元 800 年左右，玛雅文明开始衰落。考古发现，玛雅文明的消失像是匆忙间的决定：公元 830 年，科班城浩大的工程突然宣告停工；公元 835 年，帕伦克的金字塔神庙也停止了施工；公元 889 年，提卡尔正在建设的寺庙群工程中断了；公元 909 年，玛雅人最后一个城堡也停下了已修建过半的工程。他们仿佛突然收到了什么指令，一夜之间抛弃了世代辛勤建筑起来的神庙和堡垒，是什么致使他们远离沃土，向着丛林迁移？此后，文字失传，现今这块土地上虽然还生活着古玛雅人的后裔，但他们已经对自己伟大的祖先所创造的文化一无所知，玛雅文明已经成为一段湮没的历史。

　　玛雅文明缘何突然崛起，又缘何一夜消失，这其中有着太多的疑惑不解，人们甚至连遐想的方向都没有，直到进入 20 世纪 60 年代，人类开始乘坐宇宙飞船进入太空，其中参与研究的美国科学家才恍然大悟，原来几年前出土的一块玛雅石雕上，刻画的正是一幅宇航员驾驶宇宙飞行器的图画！即使经过了图案化的变形，但宇宙飞船的进气口、排气管、操纵杆、脚踏板、方向舵、天线、软管以及各种仪表仍清晰可见，宇航专家在看过这幅图画的照片后都惊叹不已，一致认为这上面刻画的就是古代的宇航器。

虽然令人难以置信，却是确凿的事实。这让人们终于有了假想的空间，于是有些学者提出一种大胆的猜测：很久以前，一批具有高度文明的外星智能生命从天而降，在热带丛林中与地球人开始了隐秘的同居生活。它们传授原始时代的玛雅人以先进知识，玛雅人则奉它们为神灵，然而这些神灵最终又乘着飞船飘然离去。神离去时，曾向玛雅人许诺重返地球，但在玛雅人的祭司预言天神返回的日期里，它们并未如约而至。玛雅人不再对其宗教和祭司统治怀有信心，民族内部分崩离析，人们各自走散，玛雅文明从此消失。

托素湖畔，神秘的外星遗址

有一座白公山，位于青海省海西蒙古族藏族自治州首府德令哈市。这个地方被荒漠和沼泽包围，一片荒凉。然而，离白公山不远的地方却有两个高原湖泊，一个名为托素，一个名为可鲁克，犹如两颗明珠，在阳光的映射下闪闪发光。奇特的是，两个湖虽为一脉水系，水流相连，却泾渭分明，一个为淡水湖，另一个则为咸水湖。

比起一咸一淡两个姊妹湖，湖畔坐落着的白公山更加闻名。据说，"外星人遗址"就在白公山下的岩洞里。

据传，所谓的"外星人遗址"是由两位作家发现的，遗址中令人生疑的竟是一些铁制的不明管状物。原来，从柴达木盆地目前发现的人类活动的文物资料表明，从未有过铁管之类的现代工业产品。而且，这里人烟稀少，据当地人回忆，除了白公山北草滩偶有流动牧民外，这一地带没有任何居民定居过。所以可以肯定的是，这里不可能是古人或现代人的遗址。

考察发现，白公山脚下依次分布着3个岩洞，其中2个已经坍塌，剩下中间的一个洞离地面约有2米，洞深约有6米，最高处约有8米。洞内上下左右都是纯一色的砂岩，无任何杂质，且光滑平整，像人工开凿的洞。神秘铁管直径为40厘米，从山顶斜插到洞内，但由于多年的锈蚀，只能看见半边管壁。另一根直径相同的铁管则从底壁通入地下，只露出管口，可以量其大小，却无法知道它的长短。此外，洞口处还有10余根铁管穿入山体，铁管之间距离不等，大约是在一条等高线上延伸。这些铁管直径均在10—40厘米，管壁与岩石完全吻合，没有开凿过的痕迹，仿佛是谁直接把铁管插入坚硬的岩石的。

洞口对面约80米就是波光粼粼的托素湖，在离洞口40多米的湖畔，还有许多散落的铁管，插在裸露的砂岩上。这些管子的直径从2厘米到4.5厘米不等，有直管、曲管、交叉管，形状奇特，种类繁多，最细的内径不过一根牙签的粗细。还有一部分铁管分布在湖水里，有的露出水面，有的隐藏在水下。

让人疑惑不解的除了这些铁管，还有湖边的石头。绝大多数石头呈几何图形，有正方的、长方的，也有钻了孔、打了眼的，似非天然而成，非常相似于某种建筑材料。这些铁管和石头分布的面积可达半平方千米，规模可观。

虽然近年来白公山一带出土了不少工艺简单、制作粗糙的文物，如年代久远的兽骨、石器、陶器和皮革，年代较近的有青铜器、刀箭、衣物、毛纺织品，但从未有过铁管之类的现代工业产品。即使新中国成立后大力发展建设，但这一带也从未动过工，根本不可能出现铁管。

那么，这些铁管究竟是何人制造，又从何而来呢？一些专家学者认为这很可能是外星人的遗迹。依据是柴达木盆地地势高，空气稀薄，透明度极好，对地球人来说都是极好的天体观测地点。如果外星人光临地球的话，托素湖应该是它们进行星际交往的首选地点之一。

当然，单凭这两点就盲目地推测此地为外星人遗址未免太过草率了。于是，有人认为铁管可能是远古留下的茎管植物化石，但有人提出质疑，就算是动植物化石，但化石只能保持其原样，而不可能形成有规律、有排列方向的铁管。

还有人提出所谓的外星人遗址应该是一种特殊的地质现象。这些奇特的管状物分布在距今五六百万年前的第三纪砂岩层中，都呈现出铁锈般的深褐色，成分以氧化铁为主，可能是砂岩层快速沉积形成。

更有甚者认为这可能是上古沉船的遗迹。亿万年前，柴达木盆地很可能是一片汪洋大海。

以上种种，虽然各有各的道理，但都没有充分的证据加以证明。而这些铁管的真面目仍旧是一个谜，想要揭开这个谜团，尚需要更加强有力的证据和更加缜密的科学分析。

金星上或曾有生命存在

或许是因为金星离地球最近的行星，自古以来人类就对它充满着无限的遐想和向往。它或者出现在清晨东方的天空，或者伴着太阳余晖出现在夕阳沉落的地方，因此又得名"启明""长庚""太白"。西方则称它为"维纳斯"，亦指古希腊神话中爱与美的女神阿芙洛狄忒。

为了认识这颗美丽的行星，1960—1981年，苏联和美国向金星发射了20个探测器，却始终因为金星周围厚厚的云层干扰而没能认清它的真面目。直到20世纪80年代，苏联科学家尼古拉·里宾契诃夫突然在比利时布鲁塞尔的一个科学研讨会上披露了一个重磅消息：1981年1月，苏联向金星发射的一枚探测器穿透浓密的大气层拍摄到了金星表面存在着两万座废弃的城墟。

这一猛料立刻震惊了科学界，因为自以往探测得到的数据表明，金星表面高达500摄氏度，且云层厚重，电闪雷鸣，根本不适合生命的存在，怎么可能有城市呢？

起初，科学家们认为那些城市可能是大气干扰形成的海市蜃楼，或是探测器坏掉了。然而，当科学家们借助计算机对照片进行详细的核查和分析后确认，照片上的确是古城遗迹。每座城市看上去就是一座巨型的金字塔，看不到门窗。这些巨型金字塔摆成一个很大的马车轮形状，苏联科学家介绍："那些以马车轮形状建成的城市的中间轮轴部分就是大都会。根据我们推测，那里有一个庞大的呈辐射状的公路网将其周围的城市连接起来。那些城市大多都倒下或即将倒塌，这说明历史已经很悠久了。"有研究者认为，这些金字塔式的城市可以有效地避免白天的高温、夜晚的严寒以及狂风暴雨。遗憾的是，这些城市已都是断壁残垣，再加上照片的清晰度不高，很难做进一步研究探索。

从科学角度来看，金星是类地行星，因质量与地球类似，常被当作地球的"姐妹星"。因此，即使在照片出现以前，许多科学家也毫不怀疑金星上出现或曾经出现过生命。随着太空科学的发展，人类对金星的认识逐步增加。金星是太阳系中唯一一颗没有磁场的行星，也是除太阳和月亮外天空中最亮的一颗星。金星的半径比地球小 300 千米，质量是地球的 4/5，绕太阳公转一周需要 225 天，距离地球 4184.18 万千米。它的平均密度与地球接近，表面温度高达 500 摄氏度，约 1013 个大气压。

虽然现在金星的环境并不适宜孕育生命，但有科学家经过分析认为，金星在 40 多亿年前曾经有过海。其原因是，在金星刚刚诞生之初，太阳活动还不像今天这样活跃，海洋是完全有可能存在的。另外，金星大气中重氢的浓度比地球高 100 倍，这说明金星上曾有过大量的水，后来因蒸发分解，重氢才滞留在大气中。再加上研究人员从照片上发现过一片广阔的熔岩，这些熔岩分布在较薄的板状地形上，呈现出一个耸立的山崖地形。熔岩是一种黏性很小的松散岩石，只有从海水底部喷出，遇海水立刻冷却，冷却后的松散岩石不再随空气扩散，而是下落，这样不断堆积才能形成耸立的山崖。倘若金星上真的曾经有海，那么也一定会有生命存在，因为水是生命的起源。

那么，如果金星上的确存在过生命和文明，它们又是如何消失的呢？科学家们根据手中掌握的有关金星的大量资料认为，金星最初跟地球一样，拥有陆地和海洋，气温也不像今天这么高，气候十分适合生物生存繁衍。然而，由于宇宙环境的改变，太阳活动越来越频繁，金星表面的温度骤然高升，致使海水蒸发，海洋干涸，天降酸雨，生灵涂炭，只留下这片古城遗迹。

当然，这一切都只不过是推测，人类文明不过才区区几千年，又怎能预见几十亿年前的其他文明呢？探测器所拍摄的金星照片上究竟是不是古城遗迹还有待考证，金星上是否存在过智慧生命也只是一个未解的谜团。

多冈人与天狼星

远在西非的马里共和国，几乎是世界上最落后的国家。然而，在这个80%的人口都靠农牧渔业为生的国家里，竟生活着这样一群人，他们几乎过着刀耕火种的原始生活，却掌握着极其深厚的天文知识，这就是多冈人。

多冈人是马里共和国的一个土著民族，时至今日还过着原始的丛林狩猎生活。他们信仰神，且掌握着许多现代天文学都难以企及的天文知识，尤其是对天狼星有详细而准确的了解。

多冈人保留着许多祭祀用的图画，甚至有天狼星和"谷星"摆动轨道的图，而事实上它与现代天文学家所绘的天狼星 A 和 B 的图惊人的相似。

在多冈人最高级别的祭司那里，掌握着一个令人惊讶的秘密。原来，400 年来多冈人口耳相传着一些宗教教义，其中一条则是有关一颗遥远行星的知识。这颗星是无法用肉眼观测到的，即使用天文望远镜也很难看到。在他们的语言中，这颗星叫"朴托鲁"，"朴"指细小的种子，"托鲁"的意思就是星星。教义说，这颗叫"朴托鲁"的星星是一颗"最重的星"，且是白色的。这样就描述出了这颗星的基本特征：小、重、白。

事实上，这颗星就是天狼伴星。正如多冈人所描述的，天狼伴星是一颗白矮星。然而，奇特的是，天文学家直到 1844 年才只是猜测到天狼伴星的存在，而真正发现它的存在是在高倍数望远镜等各种现代天文学仪器出现之后。1928 年，人们才掌握了它的基本知识，即它是一颗体积很小且密度极大的白矮星，直到 1970 年才拍下了这颗星的第一张照片。

至今仍生活在非洲山洞里的多冈人显然和这种高科技的天文观测仪器素未谋面，那么他们又是怎样获得有关这颗星的知识的呢？不仅如此，多冈人能信手拈来地在沙地上准确地画出天狼伴星绕天狼星运行的椭圆形轨迹，这个轨迹与天文学家的准确绘图极为相似。同时，多冈人还说出了天狼伴星轨道周期为 50 年，而实际上现代天文学所掌握的准确数字为 50.04 ± 0.9 年。另外，多冈人还知道这颗星本身绕自转轴自转，而这也竟是事实。除此之外，多冈人还描述出了天狼星系中的第三颗星，他们管它叫"恩美雅"，并指出恩美雅还有一颗卫星绕其运行。只是，对于这神秘的第三颗星，天文学家直到现在还未发现。

如此详细而又准确的知识，多冈人是如何得知的呢？据多冈人描述，这些知识均来自祖辈的口耳相传，而他们的祖辈又是从一位名叫"偌默"的神那里学来的。对于这个叫"偌默"的神，多冈人至今还保留着描绘着他的神形的图画。图画上清楚地画着，"神"乘坐一艘拖着火焰的飞船从天而降，从东北方向来到他们中间。据描述，"神"所乘的飞行器盘旋下降，发出巨大的响声并掀起大风，降落后在地面上划出深痕。这让人们不得不联想到，那个"偌默"很可能是从天狼星或与之有关的星上来到地球的外星人。

多冈人认为，天狼伴星是"神"所创造的第一颗星，是整个宇宙的轴心。另外，他们所掌握的关于天文学的知识并不仅限于天狼星。在他们所保留的图画上，有木星和土星，他们还知道木星有 4 个月亮，土星则有光环。多冈人有 4 种历法，分别以太阳、月亮、天狼星和金星为依据。

关于多冈人的描述，有的学者对这种外星人传授不予置否，而是根据这些线索，更深一步地挖掘多冈人这种信仰的来源。有人追着这些线索，跨越了撒哈拉和利比亚，最终来到地中海地区。因此，有人指出，或许这些精准的天文学知识是多冈人从古埃及人手中得到的也未可知。可是，古埃及人又是从何而知的呢？

麦田里的艺术奇迹

1966 年 1 月 19 日，澳大利亚昆士兰州北部农村发生了一起 UFO 目击事件，之后草地上就出现了顺时针方向的巨大的圆状痕迹。这种痕迹是通过某种力量把地上的农作物压平而产生的几何图案。

到了 20 世纪 80 年代，这种现象频频发生在英国汉普郡和威斯特郡一带，且大多发生在麦田里，于是人们正式将这种现象命名为"麦田怪圈"。

麦田怪圈之所以怪，首先在于它的巨大。2001 年 8 月，在英国威尔特郡的白马山附近出现的一个巨大的怪圈，从边缘走到中间要 30 分钟，一共由 409 个圆组成。而且，出现怪圈的那天晚上还下了一场雨。图形的丰富也是一怪，你很难想象一夜之间，麦田怎会那样齐刷刷地倾倒，并形成如 80 米的长尾蝎子、直径超过 100 米的花朵、浩瀚的宇宙星系、足球场那么大的肝炎细菌等。其次说它怪，还怪在这些怪圈的直径都可以被 6 除尽，这就保证了这种几何图案总是对称的。

麦田怪圈很快引起各界的关注，有的人说这不过是怪力乱神，一定是有人在恶作剧，而一些人则提出这些复杂精准的几何怪圈并非简单的人为就能完成，于是说这是外星人的杰作。科学家们对此也疑惑不解，纷纷赶来对此进行技术勘察。

勘察的结果更是令人瞠目结舌，原来科学家在怪圈里没有找到任何机器留下的痕迹，而且连人类的脚印都没能找到。另外，科学家发现，所有怪圈中的复杂图案都不是由重量或机械力量造成，麦子茎部只是变平并没有折损，而且它们还发生了某种化学变化，致使产量增加40%。再者，这些怪圈的图案从几何原理上看简直是完美无缺，这样完美无缺又巨大无比的图案，根本不可能在几个小时内完成。最后据统计，数以千计的麦田怪圈大都诞生在凌晨4点，而且从未有人见过它们的形成过程。

然而，面对这些事实，大部分学者仍然倾向于人为恶作剧一说，于是英国的研究团体进行了几项实验，看是否能通过人力完成这些怪圈。他们集合了50位青壮年男子，让他们手拉手围成圆圈，依照同一个方向以双脚踏作物，结果连整洁的圆状痕迹都很难形成，更别提其他复杂的图案了。后来，研究人员又在地面上立一根棒子作为中心点绑上绳子，绳子的一端系上金属重锥子，然后以画圆圈的方式移动重锥子，使作物倒下。结果证明，重锥子须达到150千克以上才能使作物全部倒下，而且所有作物都会留下明显被伤害的痕迹，地面上也会留下人为的痕迹。

人力制造的实验纷纷失败了，人们开始反思，如果麦田怪圈不是人为的，那么果真是外星人所为？迈克·卡利、大卫·摩根斯敦等6名科学家依然想用科学来打破外星人所为一说。1991年，他们在频繁出现怪圈的英国威尔特郡迪韦塞斯镇附近布下天罗地网，利用高科技夜间观察仪器、录像机以及装在21米长支臂上的"天杆式"电视摄像机和几架超敏感的动作探测器来守护麦田。一旦麦田有任何风吹草动，都会触动警报器。

1991年6月29日凌晨，监视器发现一团浓雾降落在麦田上方。突然，监视器变得一片模糊，根本无法观测麦田上方到底发生了什么？直到早上6点钟，浓雾慢慢散去，人们才惊奇地发现，麦田上赫然出现了两个奇异的圆圈。圈中的小麦完全被压平，形成顺时针方向的旋涡。麦秆虽然弯了，但没有折断，圆圈外的小麦丝毫未受影响。更让科学家们疑惑不解的是，警报器没有响过，录像机和录音机没有录到任何线索，除了那片浓雾和两个怪圈，什么痕迹都没有。

这一发现再次激发了UFO一派的想象，更有甚者说发现怪田麦圈的地方时常有飞碟出现，而且那些麦圈完全就是飞碟碾过的痕迹。他们坚持认为麦田怪圈是外星人的象形文字，它们可能在试图与我们沟通。难道真的是外星人所为？这下连那些否认外星人说的科学家也无话可说了。

然而这时，俄罗斯地质协会成员斯米尔诺夫突然高调提出了一种全新的说法，即高频辐射说。原来，他在怪圈出现的陶里亚蒂麦田里取回了一些荞麦秆进行实验。他先将荞麦秆放进微波炉，再加入一杯水，在600瓦的高频辐射下，12秒钟后发生了奇异的变化，所有的实验荞麦秆在节瘤处发生弯曲，形状与陶里亚蒂麦田倒伏的麦秆一样。由此，斯米尔诺夫推测，所谓的麦田怪圈应该是受到高频辐射而产生的现象，这种辐射很可能来自地球内部的磁场变化。

气象学家米顿博士对此不以为然，他认为麦田怪圈是等离子旋风体所为。他统计发现，麦田怪圈总出现在山边或离山六七千米的地方，这里最容易形成龙卷风。龙卷风即等离子旋风体，它们高度带电，有时看上去像一个圆柱，有时像个球，也许还会在空中闪耀。如果它们径直落在地面，就会旋转形成圆圈或螺旋线。

美国专家杰弗里·威尔逊则推出了磁场说。他在研究了130多个麦田怪圈后，发现90%的怪圈附近都有连接高压电线的变压器，而且附近都有一个水池。当对麦田进行灌溉时，麦田底部的土壤会释放出离子产生负电，变压器则产生正电，负电和正电碰撞后产生电磁能，从而击倒小麦形成怪圈。

英国威斯特郡一带有一处公元前3000年前留下的巨石阵遗址。于是，许多人认为这些神秘的巨石阵或许与麦田怪圈传达着同样的信息。

至今，有关麦田怪圈的争议不绝于耳，争议者各据其理，然而神秘怪圈留给人们的却仍是一个解不开的谜。

神秘离奇的"魔鬼三角"百慕大

500年前，哥伦布率船队第一次驶抵三角区内的巴哈马群岛时，经历了一场触目惊心的风暴。他在航海日志上记录下这样一段话："一连八九天，我两眼看不见太阳和星辰……我历经风雨，见过各种各样的风暴，可从未遇到过时间这么长、这么狂烈的风暴。"

自哥伦布以后，这片海域时常发生船舰、飞机失踪现象。19世纪以前，人们总把这些事故归咎于海盗的猖狂。然而进入19世纪海盗被肃清后，失踪事件仍然频发。人们逐渐意识到这块海域的不同寻常之处，口耳相传，这一区域开始被冠上"魔鬼"的头衔。

到了20世纪，借助于信息传媒的发展，魔鬼海域似乎被渲染得更加神秘诡异，甚至跟外星人联系了起来。这一切都源于1950年爱德华·范·温克尔·琼斯在美联社发表了一篇文章，文章中公布了这一海域发生的多宗轮船和飞机失踪事件，包括 1945 年 12 月 5 日美国海军 5 艘鱼雷轰炸机失踪、1948 年 1 月 30 日以及 1949 年 1 月 17 日分别有两架商用客机失踪。爱德华在文章中指出，大约有 135 人在事件中离奇失踪，"就好像是被吞没了一样无影无踪"。

更有离奇的报道称，1948 年 1 月 7 日，美国一架"野马式"战斗机在诺克斯堡追踪一架低空飞行的飞碟时，突然解体成拳头大的碎片。据说，这可能是飞碟周围的阴极射线造成的，飞机由于离它太近而掉进电离场，最终解体。

1971 年 10 月，美国一架"星座"号飞机飞行在巴哈马群岛附近时同一架飞碟相遇，结果也遭到了同样的命运。美国"双子座"4 号、"双子座"7 号的宇航员在太空中飞行时都发现有飞碟跟踪他们。

自此之后，有关"百慕大魔鬼三角"的骇人事件和理论纷迭而来，这片区域甚至被冠上"死亡之洲""魔鬼海域"的罪名。对于其事件发生的原因，有的坚持地球"磁场说"，有的坚持"飞碟干扰说"，最流行的说法是百慕大三角海底有个外星人基地，失踪的飞机和船只是被外星人掠走了。还有的人坚持认为这些飞机和船只进入了"时间旋涡"或第四维空间，去了另一个世界。当然，这其中也不乏有人试图根据现有的科学知识给出合理的解释，比如海啸、地震、龙卷风、重力异常、磁异常……总之，人们对此各持己见，争论不休。

那么，真实的百慕大究竟是一片怎样的海域呢？百慕大地处北美佛罗里达半岛东南部，其实在地理学上根本不存在"百慕大三角"这样的划分。人们所说的百慕大，只是包括百慕大群岛、美国的迈阿密和波多

黎各的圣胡安三点连线形成的一个西大西洋三角地带，每边长约 2000
千米。这片海域有世界上最繁忙的航线，是世界最著名的离岸金融中心。

　　进入 21 世纪，随着科技的进步，围绕百慕大的神秘面纱正逐步被
揭开，各界也纷纷站出来为百慕大正名。科学界证明百慕大三角的神秘
现象完全是一个谣言，所谓常发生的神秘失踪事件以及各种超常现象已
经被证明无一存在。美国警备队的计算机上所存储的有关大西洋的事件
可以追溯到 1958 年，证明百慕大并没有比其他地方有更多的失踪案。

　　2014 年，美国国家海洋和大气管理局（NOAA）也声称，"没有证
据显示百慕大魔鬼三角发生神秘失踪事件的频率比其他更大、交通更繁
忙的海域更高""我们对这些年来百慕大魔鬼三角发生的很多轮船和飞
机失踪事件进行了回顾，并没有发现有任何证据显示事件是由超自然因
素造成的。"暴风雨等恶劣天气是引发意外事故的最可能因素。

　　至此，百慕大事件的种种闹剧终于落下帷幕。在探索发现的道路
上，科学知识的局限性，以及对事件整体把握的不足，难免使人误入歧
途。但我们从不会因此就停止探索的脚步，大胆推测、小心论证，只有
这样才能离真相越来越近。

沉没的理想国——亚特兰蒂斯

　　"在梭伦 9000 年左右，海格力斯之柱（直布罗陀海峡）对面有一个
很大的岛屿，从那里你们可以去其他的岛屿，那些岛屿的对面是海洋包

围着的一整块陆地，这就是'亚特兰蒂斯'王国。当时亚特兰蒂斯正要与雅典展开一场大战，没想到却突然遭遇地震和水灾，不到一天一夜就完全没入海底，成为希腊人海路远行的阻碍。"

以上是古希腊哲学家柏拉图在他的对话录中提到的一个已经沉没海底已久的文明古国亚特兰蒂斯。公元前350年，古希腊哲学家的对话录得到广泛流传，在对话录中，柏拉图第一次对这个仅限于民间传说的大西国作出了描绘。传说中，亚特兰蒂斯以海洋之神的子民自居，对大海有着强烈的崇拜，根据柏拉图的描述，亚特兰蒂斯堪称理想国，然而如此繁荣的理想国却于一万年前沉陷于灭世洪水之中了。

亚特兰蒂斯又称大西洲、大西国，在梵蒂冈保存的古代墨西哥著作抄本（即《梵蒂冈国古抄本》）中有这样的叙述："地球上曾先后出现过四代人类。第一代人类是巨人，他们并非这里的居民，而是来自天上。这代人类最终毁于饥饿。第二代人类毁灭于巨大的火灾。第三代人类就是猿人，他们毁灭于自相残杀。后来又出现第四代人类，即处于'太阳与水'阶段的人类，处于这一阶段的人类文明毁灭于巨浪滔天的大洪灾。"

随着现代科学的进步，考古遗迹的不断发掘，似乎也都在印证着，至少在大洪灾之前，地球上或许存在一片大陆，这片大陆已有高度发达的文明，在一次全球性的灾难中，大陆沉没在大西洋中。引发巨大灾难的是大规模的地震及其后产生的海啸。

然而，一些研究柏拉图哲学的学者们对亚特兰蒂斯的存在却抱有否定态度。他们举出了两个原因：第一，他们认为柏拉图的目的是提倡"理想国"的概念，只是为了让人们更能深入了解"理想国"的这一概念才虚构出亚特兰蒂斯；第二，当时雅典人懒惰少思，腐败成风，柏拉图为了勉励雅典后裔，于是告诉他们自己的祖先曾多么优秀，甚至同"理想国"的亚特兰蒂斯人勇敢奋战，他们能打败这样文明庞大的海洋帝国，证明雅典人具有超越全人类的力量。

但是，随着现代文明的进步，海底探测发现不少遗迹，证明亚特兰蒂斯确实存在。1967 年，美国一名飞行员在大西洋巴哈马群岛低空飞行时，发现水下几米处有一巨大的长方形物体。次年，美国一支考察队潜入海底，在安德罗斯岛附近海下发现一座古代寺庙遗址，长为 30 米，宽为 25 米，呈长方形；在比米尼岛附近海域发现一座平坦的经加工的岩石大平台。除此之外，在大西洋底也发现了其他岩石建筑，其中有防御工事、墙壁、船坞和道路等。海底建筑的排列和形状都与传说中的亚特兰蒂斯有着惊人的相似。

20 世纪 70 年代初，一群科学研究者来到大西洋的亚速尔群岛附近，从 800 米深的海底取出岩心，经科学鉴定，此地在 1.2 万年前为一片陆地。这与柏拉图的描述一致。

1974 年，苏联的一艘海洋考察船在大西洋海底拍摄到了一座宏大的古代人工建筑。

1979 年，美国和法国的科学家使用先进仪器，在百慕大三角海底发现了金字塔，塔底边长为 300 米，高为 200 米，塔尖离海面仅 100 米，比埃及胡夫金字塔还大。塔下有两个巨大的洞穴，海水以非常快的速度穿越洞穴。

1985 年，两位挪威水手在百慕大三角海域发现一座古城，街道纵横，房屋林立，寺院、角斗场、河床、平原历历在目，与柏拉图所描述的相同。而在古巴近海，用声呐扫描发现海底有着排列整齐的巨石方阵，像是城市废墟。在该海域内还发现 8 座巨型金字塔建筑，按轴线分布，很有规律。

2013 年 5 月，巴西和日本海底发现类似亚特兰蒂斯的大陆，其位置与柏拉图所描述的一致。

2013 年 12 月，在大西洋的亚速尔群岛海底，一名渔夫以声呐探测法发现在特塞拉岛和萨欧米格岛之间，海平面以下 40 米处，有一座巨大的金字塔，其四面棱线正好朝向正东、正西、正南、正北。

目前，我们的科学认为人类的进化有着几千万年的历史，但直到近一万年才在智力上有了突飞猛进的发展。但如果亚特兰蒂斯文明果真存在于一万年前，那么亚特兰蒂斯人又是从何而来的呢？

尽管越来越多的发现证明亚特兰蒂斯并非只是传说，但等待人们去解答的有关于亚特兰蒂斯的谜团却从未减少。

[揭秘天外来客的真容]

在人们对UFO和外星人的兴趣日益浓厚的今天，

我们已经不满足于各种各样的目击案件了。

你是不是也开始期待更加有深度的内容？比如外星人究竟长什么样？

是否真的和影视作品当中一样？又或者UFO是怎么飞行的？

外星人到地球来究竟有何目的？

接下来，我们就来系统地了解一下UFO和外星人。

外星人长什么样子

说起外星人，你想象中的它是个什么形象呢？可能有很大一部分人将外星人与 E.T. 画上了等号，或许是电影太过经典，以至于我们认定外星人就该是那个样子的——浑身没有毛发，皮肤皱巴巴的，瘦骨嶙峋，似乎连骨骼的形状都能通过皮肤显现出来；颜色是暗绿色的，有些发灰般黯淡；瘦小的身子支撑着一个巨大的头颅，无辜的大眼睛占了很大的比重，手指也只有 4 根……

当然，在不同的电影当中外星人的形象也是不一样的，所谓相由心生，外星人被设计成什么样子，完全取决于编剧和导演想要塑造正义还是邪恶的形象，就像《长江七号》里七仔可爱顽皮，而《星河战队》里外星爬虫可怕残忍。

我们都清楚这是电影当中设计出来的样子，那么设计是否也该有一个原型呢？为什么大家都认定外星人应该是大眼睛、没有毛发，和人类相似却又完全不同的呢？是不是地球上本就有外星人存在过，所以才有了设计的蓝本呢？那真实的外星人又是什么样子的呢？

在罗斯威尔事件过后，人们疯传坠落的 UFO 当中有外星人，而人们习惯性地将罗斯威尔事件中的外星人称作"小灰人"，也有人称其为泽塔人。正是这个小灰人开启了人们疯狂探索外星人的时代。

在很多人看来，外星人就是小灰人，因为关于小灰人的目击报告是最多的，占美国各种外星人目击事件的 43%，英国为 12%，西欧为 48%，澳大利亚为 50%，巴西为 67%，而加拿大竟然高达 90%！

这么惊人的数据，也难怪人们相信小灰人就是外星人的代表了。那么小灰人究竟是什么样子呢？研究 UFO 的学者伦纳德·斯特林菲尔德称小灰人的形象与大部分影视作品当中的形象是比较相像的，而他也为此提供了一系列小灰人解剖图，这些图片据说是 20 世纪中期解剖外星人时留下来的。

小灰人和人类体型相似，但皮肤看起来就像是发了霉一样。它们比人类要矮，大概只有 120 厘米，体重也很轻，差不多 20 千克；眼睛长在额头下方，呈狭长的杏仁状，眼间距比较宽，头部就身体比例而言比人类要大一些，有硬腭、软腭和头盖骨，但是他们的耳朵只是两个小洞，鼻子也是，没有嘴唇，就像是在脸上刺了一道口子一样，只有很小的舌头，没有牙齿；脖子非常细，身体也很单薄，手指修长，胳膊也很长，手部一直到膝盖处，相对上身而言脚部就比较短小了。小灰人有 4 根手指，没有拇指，虽然叫作小灰人，但实际上肤色却有很多种，但基本都是褐色、青灰或者咖啡色一类饱和度比较低的颜色；有肌肉但没有肌肉的纹理，通体没有毛发，身体中没有消化器官，没有血液，也没有生殖器。所以科学家们推测外星人可能和人类的繁殖方式不一样，它们可能是无性繁殖，或者说解剖的外星人是被一种更高级的生物主宰着、控制着。当然，这只是我们的一些猜测罢了，毕竟还是缺乏证据的。

虽然很多人相信外星人是存在的，但是也有一些科学家并不相信小灰人真的存在。精神病学家史蒂文·诺瓦拉一直认为小灰人是人们的幻觉，实际上并不存在，因为外星人不会那么像人类。而弗雷德里克·V.

马姆斯特罗姆则认为小灰人是人们潜意识当中的一个形象，是儿童时代对父母残留的一种记忆。

不管怎么说，小灰人是我们对外星人最直观的一种认识，那么外星人的形象是不是就这样定下来了呢？不是的，想想看，我们人类还因属于不同的民族而有不同的长相，在浩瀚的宇宙当中，外星人肯定也不止一个样子。

实际上，截至今天，不管是流言蜚语还是实际证明，林林总总的外星人接触事件中总结出有许多种不同形态的外星人。接下来，让我们真正了解一下形形色色的外星人。

第一种和小灰人名字相似，我们习惯称其为"小绿人"，所谓小绿人，顾名思义，它们的皮肤呈现出绿色，而且有些小绿人头上还有天线一样的东西，当然和《天线宝宝》当中的迪西是不一样的，没有那么可爱。它们被描述为"小鬼"。

小绿人和小灰人有些相似之处，可以说最大的区别就在于肤色。那么是谁给这些外星人取了这个名字呢？1908年的《每日肯内贝克》杂志当中提出了小绿人的概念，并且再三强调了小绿人并非火星人。两年之后，一架由小绿人驾驶的UFO在意大利的普利亚大区坠毁了，小绿人被军方控制了起来。但是这件事并没有后续的报道，也许太过相似，所以人们将这起事件称作"意大利罗斯威尔事件"。

至于被军方抓获的小绿人去了哪里，很多人都推测它被人们进行试验了。从很多目击事件来看，小绿人从来没有伤害过人类，也没有主动干预过人类，也就是说，如果不是意外坠落，也许我们将无缘看到它们。这些小绿人好像一直在观察着人类的进程，根据英国剑桥大学卡文迪许实验室的教授研究，小绿人的家应该在某个脉冲星。

说到这里，你是不是觉得外星人都是"小 × 人"这样的称呼呢？如果这样认为，你就被误导了，因为除了小绿人和小灰人之外，还有第二种被称作"凯利绿人"的霍普金斯型外星人。它们在世界上许许多多的外星人目击事件中仅出现过两次：一次是在 1955 年 8 月，另一次则是在 1977 年。

1955 年霍普金斯型外星人第一次被人类目击，而且是很多人同时看到的，有农舍里的两个家庭，还有警察和州国民警卫队。根据目击人的形容，霍普金斯型外星人看起来就像小鬼一样，而且还恐吓了目击者。

这些外星人身高只有 1 米左右，和人类一样是直立行走的，它们有耳朵，但是竖立着的，手臂很长，手更像爪子，它们的四肢都非常纤细，尤其是腿部，看上去就如同萎缩了一样。这些外星人的行动像是脱离了地球引力一样，可以自由地漂浮，不过在水中行动似乎有些不便。它们似乎只是示威或者警告一般出现在房子的门口和窗口，并没有真正进入屋子对目击者进行攻击等行为。

1977 年当它们再次出现的时候，选在了英国威尔士的西部，当时同样有很多人同时看到了它们，不过这次同样没有受到攻击。

第三种是弗拉特伍兹型外星人，它们也被称作"布拉克斯顿县怪物"或是"弗拉特伍兹幻影"，显然这两个别称多少有一些神话意味。之所以给它们取这个名字，是因为它们于 1952 年首次在美国西弗吉尼亚州布拉克斯顿县的弗拉特伍兹出现，而且被目击到了。

根据目击者的介绍，这种外星人出现的时候身边有一个巨大的红色光球，而这个外星人的脸也是红色的，还能发出光束，头部顶端就像长了个核桃，不过身体是绿色的，其他方面和别的外星人差不多——眼睛非常大，手臂非常纤细，爪子看上去很尖锐。但是和之前所说的外星人都不一样，它身高有 3 米多！

　　一开始，UFO 专家们认为伴随出现的红色光球应该是这个外星人驾驶的动力飞船，但是近年来科学家们又有了新的结论，那就是弗拉特伍兹型外星人并非看到的那种 3 米高的形象，因为当时目击的可能并非生物本身，而是被它驾驶着的交通工具。其头顶的"核桃"应该装载着武器设备以及探测设备，下部是控制舱，很可能真正的弗拉特伍兹外星人就在当中，而底部则是推进其行动的装置。之所以这样认为，可能是因为如果它是外星人，那么它就应该乘坐飞行器，而不是在飞行器外与其一起飞行了。

　　根据学者们的研究，真正的弗拉特伍兹型外星人应该是一种爬虫型的外星人。说到爬虫型外星人，你脑海中是否又浮现出《星河战队》中那些可怕的虫子了？事实上，和爬虫型外星人有过接触的人类事后确实会产生很大的心理阴影。

　　1967 年，美国内布拉斯加州阿什兰的一个警察表示自己被一个具有爬行动物特征的外星人劫持到了 UFO 上，这个外星人像人类也像爬行动物，胸腔的部分有和蛇一样的鳞片。或许是因为这些外星人面目可憎，所以大部分和这类外星人有过接触的人类都担心再次遇到如此可怕的事情。

　　第四种是北欧型外星人，从名字来看你就应该对它们感到亲切了，事实上这类外星人也是和地球人相貌最为接近的一类。北欧型外星人皮肤发白，连嘴唇都是白色的，它们有头发，而且颜色很浅，也有全是白色的。根据目击者的介绍，这类外星人眼睛的颜色各有不同，有蓝色、粉红色、绿色、紫罗兰色等。不过它们的眼睛形状还是和小灰人比较接近的，很大还歪斜着，不过和人类的眼睛相比，没有巩膜和虹膜。它们身形高大，都在 1.2 米以上，最高的甚至有 6 米！它们的身形轮廓非常好看，而且从目击事件来说，北欧型外星人当中男性的比例似乎要远高于女性。

至于这类外星人的家在哪里，至今说法不一，有人认为它们应该来自距离地球 400 光年之外的金牛座的昴宿星团当中的依拉行星，也有人认为它们来自金星，而且地球人就是它们的后代。当然，在没有进一步证据可以证明之前，我们也只能说它们是外星人而已，其余的事实还有待我们进一步研究。

第五种是高大白人型外星人，它们的身高在 1.8—2.2 米，和所有的外星人一样都非常瘦弱，皮肤苍白。据说它们比人类的寿命要长很多，而且不用年来计算时间，如果按照地球时间来计算的话，它们平均有 800 年的寿命。

虽然寿命比人类长，但是它们的身体结构却和人类极为相似。也就是说如果它们愿意的话，稍作打扮就可以混迹于地球人之中了。这并非没有可能的事情，因为这类外星人的模仿能力极强，甚至可以模仿人类的语言，还能与人类沟通。不过不要认为它们对人类没有威胁，这类外星人时刻都会携带武器，如果认定周围的人会对自己造成威胁，那么它们第一时间就会行动。

第六种是 1966 年发现的鱼木星人。当时一个叫作培尼亚的西班牙人与这类外星人有了近距离接触，但这仅仅是一个开始，此后鲜有

UFO 目击报告的西班牙在一段时间之内发生了多起 UFO 目击事件，而且一个生活在马德里的作家甚至声称自己收到了鱼木星人的照片！

短短一年时间里，就有很多人表示收到了来自鱼木星人的各种资料，有的是照片，有的是信函，在这些人当中，甚至有社会名流和科学家。而真正的 UFO 研究者则认为这些文件并非人类伪造，因为其中的很多理念是地球上没有的！但是也有人认为鱼木星人并不存在，这都是人们搞出来的恶作剧。所以到现今为止，鱼木星人是否真正存在仍旧是一个谜。

第七种是长毛矮人，这类外星人非常矮小，外貌很像传说中的野人，不过它们可比野人先进多了，知道穿衣服，知道语言沟通，还知道运用工具。长毛矮人算是外星人目击事件当中比较早就出现的，不过20 世纪末之后，有关它们的目击事件就越来越少了，虽然不知道是出于什么原因，但有些人推测可能是这些矮人的"主人"在控制它们，因为这类外星人很像一些高级外星生物控制下的附属生物。

第八种是仙女星系人，这类外星人最为奇特，因为它们没有实体，简单来说就是由能源组成的，没有实体物质。如果你难以理解，就想象一下幽灵的形象，说不定很多幽灵传说就是这类外星人搞的鬼呢！虽然它们没有外在的实体，但显然非常先进也非常强大，很多人认为这类外星人可能是人类的未来，不过没有到那一天，谁也说不准。

第九种要说的就是神秘的杜立巴族了。在第一章当中我们就了解了奇怪的杜立巴石碟，而杜立巴族就是留下这些东西的外星人。不过关于这个族群更多的是各种各样的传言，大部分人仍旧不愿意承认外星人的存在。之所以要提到这个种族，是因为这可以说是我们探索外星人的一个起点。

宇宙浩瀚无比，广阔无垠，相较之下，我们是那么渺小，有很多奥秘还未探索，还需要去了解。因此，不管宇宙中有多少个星球上有生命存在，只要我们继续探索，也许有一天就像地球村一样，能够建起一个"宇宙村"。实际上，外星人有很多种，仅地球上目击到的就有几十种，在这里我们只是了解了外星人的皮毛而已，如果要想了解更多，恐怕还需要漫长的时间去探索！

外星人在地球上怎么生活

虽然截至目前已有无数起 UFO 目击事件，与外星人近身接触的事件也是频频发生，而且还有一些关于外星人的影像资料和照片流出，但关于它们是否存在仍旧存有很大的争议。

如果外星人真的存在，那么它们是怎样出现的呢？又是怎样发现地球的呢？如果外星人可以发现地球，那么为什么我们无法发现它们呢？还是说它们一开始就在地球上生存了呢？如果真是这样，那么为什么这么多年来我们看到的外星人为数不多？

这个世界上有太多的未解之谜，所以对于外星人以何种形式在地球生活，就有了很多有证据或者没有证据的猜测。有人认为它们生活在地球表面之下，所以一直以来没有和我们建立联系，我们自然无法发现它们；有人认为它们可以变身成人类，就像《黑衣人》电影中的那些外星人一样，懂得隐藏身份……

　　说法多种多样，下面我们就来看看科学家和 UFO 迷们又是怎样认为的。

　　有人认为地下存在着一种外星文明，这并不是平白无故的推测。因为美国的人造卫星"查理 7 号"在北极圈地区进行拍摄的时候，拍摄的底片上竟然显示北极地带有一个孔洞！这不禁让我们想到有些故事当中的场景，地球表面人类统治了世界，但在地表之下则是昆虫建立了文明。如此看来，很多幻想可能都是建立在真实之上的。有些物理学家认为地下有文明并非没有可能，因为地球如果是一个实心体，那么重量远不止如今的这些，所以地球很可能是空心的。

　　就这样，"地球空洞说"应运而生。当然，所做的推测不仅仅是这样，还有些石油勘探队员声称自己在地下见到过体型巨大的类人生物，而且地下还有巨大的隧道。这样说似乎合情合理，毕竟 UFO 的出现总是那么突然，如果地下真的有高度发达的文明存在，那么它们时常在地面出现也就不奇怪了。当然，也有反对意见，如果它们的文明那么发达，那怎么可能这么多年来和地球表面的人类互不联络呢？任凭地球环境一直恶化，却袖手旁观呢？

　　于是有人就认为这种说法纯属无稽之谈，如果外星人真的在地球，那么它们肯定不会大费周章建立一个可能被发现的王国，而应该隐藏身份同人类杂居。关于这个说法，也有一些不确凿的证据，那就是有些研究人员发现在辐射照相机拍摄的人类当中，有些人的头周围有淡绿色的晕圈，于是他们推测这些光圈可能是这些人大脑发出的射线，这种异于常人的表现不是外星人又是什么呢？但是证据也就仅有这些，因为当人们试图查询这些与众不同的人时，它们就完全消失了，甚至找不到曾经存在的痕迹。正是这个原因，让整件事变得扑朔迷离，也让越来越多的人相信外星人就混迹在人群之中——如果那些头上有光晕的人不是外星人，那么它们又为什么要在需要接受调查的时候突然凭空消失招怀疑呢？

当然，关于外星人究竟以何种方式存在于地球远不止一种说法，还有人认为我们人类就是外星人的后代，在几万年前，一些其他星球上的高智慧生物来到了地球，它们就像看到了新大陆一般，找到了这个适合生存的地方。然而，它们并没有解决地心引力的问题，所以为了适应环境，它们选择创造一个新的物种在这里生存——也就是人类。所以有些人认为人类是猿人和外星人结合的后代。不过，反对这种说法的人同样很多，因为如果外星有高度发达的文明，又怎么会在地球上重新创造一个物种，而不是移居地球呢？如果真像这种推论所说的那样，人类是外星人的试验品，那么这么多年来为什么没有外星人前来统治呢？所以说外星人是人类始祖，或者人类统治者的说法也是站不住脚的。

除了这些说法之外，其实还有一些比较复杂的解释。比如我们肉眼所见的宇宙可能不仅仅是几维空间之中形成的，整个宇宙可能由两个世界构成，但是两个世界之间联系很小，以相互重叠的形式共同存在，各种物质混杂在一起，进而形成了一个统一的世界。但是后来宇宙不断膨胀，物质的密度下降，所以原本重叠的两个世界就互相独立了，对于彼此而言，对方都是"隐形"的，虽然两个世界同时存在，但平行的发展可能使得两个世界相像却又截然不同。所以，外星人和 UFO 的突然出现很可能是误入了另一个平行世界而已。

　　另一种说法也和这种说法相似，那就是 UFO 来自四维空间，因此很多时候它的出现都很突然而神秘，甚至连雷达都捕捉不到。也许外星人有一种可以扭曲空间的能力，因此才能来到地球这个空间。

　　不过外星人究竟在地球是怎样行动的，我们更多地只能是猜测，或许答案就在以上的几种说法当中，也可能是一种我们还不知道，甚至无法理解的做法，不管是哪一种，都需要我们继续去探索、发现。

外星人来地球的目的是什么

　　我们都知道，关于 UFO 以及外星人的讨论，从它们首次出现开始就从来没有停歇过，而且愈演愈烈，目击事件虽然说总是偶然，但随着时间的流逝，外星人和 UFO 的目击事件层出不穷，越来越多。

　　如果说外星人只是偶尔路过一个陌生的星球，那么这种说法显然站不住脚——如果我们在一个陌生的地方遇到了另一种文明，怎么可能不去探究一番呢？所以在讨论 UFO 和外星人的话题中，永远少不了一个永恒的话题——外星人到地球来的目的是什么？

　　如果说根据影视作品来看的话，不用想也知道，它们肯定是觊觎地球，所以来侵略了。但是仔细想想，这种说法实在是有些荒谬，因为如果外星人是为了侵略，那么为什么从目击开始到现在那么多年过去了，却一点动静都没有呢？对于一个在宇宙中有能力和技术到达另一个拥有发达文明的星球的外星人来说，侵略地球难道需要准备几十年甚至上百年的时间吗？

于是，这种说法有些人支持，有些人反对。那么外星人来地球的目的是什么呢？

据那些与外星人有过近距离接触的案例显示，外星人似乎也有不一样的目的。就拿小灰人来说，很多人认为它们在地球上进行着某种实验，这种说法似乎并非空穴来风，因为很多次都有目击者被劫持的事情发生。很多经历过外星人劫持事件的当事人在事后都表示自己被它们带上了飞船，进行了一些实验，甚至因此受了伤！

事实上，有些人虽然记不得被劫持的过程当中发生了什么，但在事后都会发现被劫持期间的记忆被抹去了，很多人只能通过催眠才能回忆起一些片段来。所以小灰人对人类做了什么样的实验，目的又是什么，我们无法探究，能够确信的就是它们的实验是不希望我们知道的秘密计划。

更有一些思想激进的人认定小灰人与美国军方之间有着某种合作关系，也就是说在大众讨论外星人是否存在的时候，这些外星人早就同政府达成某种协议，在进行着一些计划了。之所以有这样的想法，是因为在 51 禁区探险过的人表示看到过基地中有 UFO，而且一些标示上还有外星人，很难说这不是一个星际合作机构。如果真的是这样的话，不管它们的计划是什么，我们至少不用担心人类会被毁灭的问题了，因为它们已经与人类合作了不是吗？

也有些学者认为，外星人到地球来就像地球人探索宇宙一样，是一种探索行为。因为在美国 MJ-12 组织当中担任秘密委员会科学顾问的科学家米歇尔·沃尔夫表示他曾经在基地内与外星人有过接触。51

禁区里有一个 S-4 区，那里是人类和外星人共同生活的地区。他说自己和外星人进行过交流，也了解到了外星人的一些信息。这些外星人通过心灵感应的方式交谈，它们来地球是为了研究人类，想知道人类的情感是什么、在生物学和社会学上是怎样定义的、和外星人有什么差异、人类的科学发展到了什么程度等，就像是我们交朋友想要了解对方的信息那样。

而米歇尔·沃尔夫也通过与外星人的交流了解了一些它们的信息，比如外星人喜欢蔬菜和蘑菇，但并非必需品，也就是说它们不吃东西也可以生存，因为它们有从空间吸收能量的本事，而且它们似乎也不需要水分。它们对人类的情感和情绪都非常感兴趣。

不过外星人不止小灰人一种，就算米歇尔·沃尔夫的话是对的，也不代表所有的外星人都是出于探索的目的。之前我们提到的小绿人，它们似乎没有与人类建立某种联系的想法，似乎更执着于观察人类，当然我们也不能否定这是一种探索行为，它们或许想要了解人类的发展，看看是否有建交的可能，又或许它们只是单纯的好奇，我们皆不得而知。但从现有的小绿人目击事件来看，它们并没有伤害或者接近人类的行为。

而那些视外星人为人类鼻祖的人们则认为外星人来地球是为了"视察"，从这点来看，地球更像是它们的实验基地，它们之所以偶然会出现，很像是阶段性的验收，想看看自己创造的文明发展到了什么程度。

但是这些都是我们的猜测，因为外星人总是"神龙见首不见尾"，它们不主动与我们联络、表明自己的来意，现阶段我们很难知晓它们到地球来的目的，或许是有目的的接近，也或许只是它们在星际旅行当中路过而已。

外星人真的有超能力吗

在很多影视作品当中，外星生物往往是以人类敌人的身份前来的，并且一开始就"欺负"人类。为什么？很简单，因为外星人都有超能力！这样看来，超能力似乎是外星人的一种标准配置了，没有超能力就不是外星人了。

而科幻大师阿西莫夫也认同外星人有超能力的说法。因为如果外星人真的侵略地球，或者说是到地球做客，那么它们肯定比人类的智商更高，技术水平也更强，况且只有文明高度发达才可能做到。因为我们人类至今没能找到外星人的家园，而外星人却三番两次地光顾地球，从这点来说，它们就比我们先进许多。

外星人是怎样进化的我们不知道，但大部分影视作品当中的外星人形象都千奇百怪，不管形象怎么变，它们永远有着人类所没有的超能力。那么现实当中外星人是否真的有超能力呢？

这似乎不需要我们过多揣测，答案应该是肯定的。不过在这之前，我们首先要对超能力进行一下分析和解释。在我们人类世界当中，超能力往往是无法用科学解释的，而通常情况下无法用科学解释的现象是一种悖论，我们无法接受，就像各种灵异事件一般，总是传言多过现实。因此当超能力伴随外星人出现的时候，我们便连同外星人都当作谣言一般看待了。

实际上，虽然人类科技在不断进步，但还有很多我们不知道的真理和知识，比如外星人就是我们至今仍旧没有解开的一个谜。我们口中的超能力更像是一种代称，可能是外星人根据环境进化而来的一种能力，又或者是一种我们人类不能理解的高科技。总之，我们需要接受它们与我们的与众不同。

如果说外星人异于常人的能力可以称为超能力的话，那么它们一定有超能力。在很多人类与外星人接触的事件当中，超能力一再出现。当然，这也是我们至今都无法解释的现象。

在过去的一些外星人目击事件当中，很多人遭到了外星人的劫持，贝蒂就是其中之一。她住在美国马萨诸塞州北部的奥明斯特，一次她偶然看到了一架由 4 个外星人驾驶的 UFO，还没等她回过神来，这 4 个外星人就劫持了她。根据贝蒂的回忆，这 4 个外星人拥有与人类建立心电感应的能力，它们通过这种能力控制了贝蒂的意志，因此她才会随外星人上了它们的飞行器。而且在之后的几年里，贝蒂多次被带入飞行器，还受到了一些伤害。无独有偶，美国俄勒冈州的一位妇女也有同样的经历，她被外星人劫持，而且事后经过身体检查发现她的头部被动了手术。

在当事人不情愿的情况下却能够控制人类的意志，还能在神不知鬼不觉的情况下完成手术，这肯定是一种超能力了。而且，很多经历过外星人劫持事件的人都有失忆的表现。能够操纵人的记忆，这无疑也是一种超能力，但是否利用了催眠我们就不得而知了。

很多人在经历过外星人劫持事件之后，多多少少都会有些变化，无论是身体上的还是心理上的。比如前文中提到的，有的人可以毫无压力地吃掉杯子，影响无线信号接收，而有的人被劫持回来后，虽不记得具体细节但会反复被可怕的梦魇折磨，等等。总之有些人身体出现异常，有些人则看上去完好无损。

可以肯定的是，外星人拥有我们目前无法理解的神奇能力，也正是因为如此，当地球上出现各种各样奇怪事件的时候，我们都习惯将怀疑的眼光放到外星人身上，因为在很多人看来，外星人是无所不能的，比如很短的时间内就能完成麦田怪圈这样的艺术作品。

21 世纪初，英国勒鲍顿天文台外的麦田收到了"天外回音"，由此推断出麦田怪圈是外星人通过射电技术向我们传达的消息。能够在短时间内构造出一个庞大的射电图案，仅凭这点来说，外星人的文明就已经超越了人类，也难怪要说它们具有超能力了。

但是外星人的超能力至今仍旧是一个谜，因为我们甚至无法主动与其取得联系，自然也就没有办法去研究它们的超能力了。退一步说，就算外星人主动给我们讲解它们的超能力是怎么进化来的，或者是运用了什么高科技，以我们目前的水平，能不能够理解还是一回事呢！

外星人会不会繁育后代

仔细回想一下我们看过的关于外星人的电影，是否都是以成年外星人为主呢？似乎外星人从出现开始就是那个样子的，那么外星人会不会繁育后代呢？关于这一点，是不是很多人都想过？

　　其实这样想的不仅是我们，还有科学家，他们也想更多地了解地球外的生命，只是条件限制让他们无从调查罢了。但事实上，曾经有一起UFO坠落事件与众不同，因为坠落的UFO中竟然有一个活生生的外星婴儿！

　　那是1983年7月14日的晚上，当时苏联中亚索斯诺夫卡村还沉浸在晚饭后的闲暇里，就在这时，突然有一个非常巨大的红色物体发着光从天空坠落下来。虽然当时没有影像资料，但凭我们的想象，应该是和陨石坠落差不多的效果，只是更加惊诧罢了。

　　UFO坠落之后第一时间就发生了大规模的爆炸，据说当时方圆20千米的居民都听到了爆炸的巨响。当然，波及范围这么广的事情自然不会没有目击者，有人表示看到了飞行物的样子，大概是一个直径30米的飞碟，还有一个牧羊人声称看到了它坠落的过程。

　　事情发生之后，苏联军方马上采取行动，很快就找到了坠毁的神秘物体残骸，并进行了公开报道。更加令人精神振奋的是，他们不仅找到了坠落物体的残骸，还在其中看到了一个直径约1.5米的球体，而球体当中竟然有一个男婴！

　　当然，这肯定不是地球上的孩子，因为普通的人类在大爆炸中存活的概率微乎其微，更不要说毫发无伤了。而这个孩子被发现的时候不仅没有受伤，浑身还发出绿色的光。当时负责这件事的艾玛托夫上校就表示这是一个外星婴儿，可能是其所在的星球派出的宇宙飞船遇到了危险，所以在危急时刻就像我们人类一样出于本能释放了安全舱，将这个小生命保护了下来。

　　球体内的孩子毫发无损，而球体也没有损毁，仅凭这一点，就可以预见外星的技术很可能已经超越了我们人类。在发现活着的婴儿之后，苏联宇航局第一时间就把外星婴儿送到了医院进行救治。

当时负责这个外星婴儿的医生是这样形容它的："这个孩子和我们人类的婴儿很相似，体长 66 厘米，体重 11.5 千克。但我可以肯定它不是地球上的孩子，因为它的手指和脚趾之间都有鸭子一样的蹼，由此可以断定它应该在水中生活过很长一段时间。不仅如此，它的眼睛也是紫色的，与我们人类相去甚远，它没有睫毛也没有眉毛，睡觉的时候都睁着眼睛。和人类婴儿相似却比人类婴儿'高级'得多，它的大脑活动异常频繁，甚至高于成人，小孩子的玩具对它丝毫没有吸引力，反倒是挂在床上的机械让它产生了浓厚的兴趣。"

而且根据医生们的检查，这个孩子的机体结构和我们人类是一样的，不过心脏要比我们大，脉搏也比我们慢，一分钟差不多 60 次。和人类的婴儿不同，这个外星婴儿从来不哭，而且神奇的是，长时间不吃东西也不会对它造成什么影响。但很可惜我们对外星生物的了解实在是太少了，而且在我们对它进行更深入了解之前，这个婴儿就神秘地死去了，从发现到死亡不足 3 个月。

虽然这个外星婴儿的死因我们无从知晓，但它的发现对于我们人类探索宇宙确实是一个巨大的进展，有着划时代的意义。

其实，关于外星婴儿的消息一直日出不穷，除了有这种"从天而降"的，还有一种是被认定为在地球出生的"外星婴儿"，这种孩子被称作"深蓝儿童"。

为什么会有这样的说法呢？这还要从 1997 年说起，当时俄罗斯伏尔加格勒地区的一个家庭多了一个成员，一个名叫波力斯卡的孩子诞生了。毋庸置疑，这个孩子是地球人娜杰日达孕育出来的，但是他又那么特别。据他的母亲回忆，她在生产的过程当中一点疼痛感都没有，而且波力斯卡出生之后眼神就异于常人，像一个成年人一样看着母亲。就像之前发现的那个外星婴儿一样，波力斯卡从来不哭也不闹，显现出了超年龄的成熟。虽然身体条件限制了他的行动，但他平时看见父母做什么事都非常冷静，好像完全明白一样，而普通的孩子总是用好奇的目光看着一切。波力斯卡从来没有生过病，8 个月大的时候就能说出完整的句子，而且没有任何语病甚至是发音的错误。到了 8 岁的时候，波力斯卡开始画画，但是他画的东西别人都看不懂。

3 岁之后，波力斯卡就开始跟父母说一些连成人都不一定懂得的天文知识。甚至对陌生人，他只需看上一眼就能掌握这个人的性格背景等许多信息。俄罗斯社会科学院地磁和无线电研究所的科学家们对波力斯卡进行检查的时候，发现能量摄影图片上他的身上有蓝色的光环，于是"深蓝儿童"的名字由此而来。

而且现今世界上这样的孩子并不止波力斯卡一个。科学家们对这样的孩子进行了总结分析，发现这些孩子观察世界的角度和常人不同，气质也不一样，就像完全来自另一个世界一般，于是就有人怀疑这些孩子是否并非人类的后裔，是否在某种层面和外星生命有所联系。

当然，在没有研究出结果，构成一个系统之前，我们也只能猜测罢了。不管他们是外星人还是地球人爆发了超能力，这一切肯定都是建立在科学基础上的，即便我们如今尚未解决这些问题，也只能说明我们还有很大的进步空间。当谜底解开那一天，我们或许就能了解到更为广阔的世界，对生命也会有全然不同的见解。

UFO 长什么样儿

你知道 UFO 还有什么其他的名字吗？现在也许我们已经习惯这个称呼了，但是在多年前，UFO 通常都被称为飞碟。显而易见，这个名字是因其形状而来的，我们一想到 UFO，脑袋里十有八九都会出现一个像飞盘一样、中间凸起的物体。

当然，不明飞行物绝不止这一种，尤其是 20 世纪中期之后，UFO 目击事件频发，而根据目击者们的各种报告，UFO 实际上有上百种形状，绝不仅仅是单纯的飞碟状，有些 UFO 甚至还会"变身"，飞着飞着就变了个样子。

之前提起的从上海飞往济南的客机遇到的 UFO 就在飞行的过程当中分解后又重组，显然它不是单一的样子。而对于那些不会"变身术"或者没有施展"分身术"的 UFO 来说，它们的造型也不是单一的碟状。就目击事件来说，大部分是圆盘状，但也有雪茄状或球状的，奇怪一点儿的还有土星状的以及回旋镖状的，颜色就更是变幻莫测了。

当然，仅仅看它们的外表并不能满足我们的各种期待，所以很多专家还对 UFO 进行了一些研究和推测。就拿最常见的圆盘状来说，还可以细分为平顶草帽形、双面帽形以及圆锥帽形等。专家认为这类飞行器主要由 6 个部分构成，即驾驶舱、存放标本或者休息的上部、实验室和小飞行器存放的下部、中心通道、动力系统以及着陆架。

那些体积小、放不下小飞行器的 UFO，可能本身就是个子飞行器，相对而言结构会简单一些，而那些体积巨大的说不定里面还会有很多个房间呢！1980 年密西西比州和堪萨斯州出现的 UFO 就是这类巨大型飞碟，据目击报告称这个 UFO 的体积甚至比一个篮球场还要大！这样一个"大家伙"，其内部结构肯定极为复杂，可惜我们没有参观的机会。而在苏联坠毁的那个携带着外星婴儿的 UFO，直径不过 1.5 米。

雪茄状的 UFO 出现的次数比较少，不过和会"变身"的 UFO 比起来，它也就不算神奇了。巴黎西北部的一个农庄就曾出现过一个会魔术式变化的 UFO。据目击者描述，该 UFO 呈淡灰色，形状犹如雪茄，在300 米的上空悬浮着，之后陆续有盘子状的飞行器从"雪茄"上分离出来。到第 5 个的时候，出来的飞行器和之前的又有些区别了。1952 年，墨西哥湾上空也出现过这种会"分裂"的 UFO，显然，比起那些单一的小飞行器来说，这种更具观赏性，不过在看到的时候是否有心情观赏就是另一回事了。

由此可以看出，UFO 除了形状大小各不相同之外，可能用途也不一样。就像有的 UFO 很小，看上去对人类没有威胁，而有的 UFO 里还有实验室，能够把人类带入其中做实验，不同的 UFO 可能承载着不同的任务。如果根据其用途进行划分的话，大概可以分成 4 种。

第一种是超小型的无人探测机，这种 UFO 直径不过 30 多厘米，就像我们的玩具一般大小。这类小飞行器通常是圆盘形或者球形的，可以登堂入室。虽然不知道其目的，但大概是探测地面情况用的。不过我们不能因其大小就断定所有迷你型 UFO 都是无人探测机，因为在马来西亚曾有外星人驾驶迷你 UFO 的目击记录。

第二种是小型侦察机，这种 UFO 通常直径有 50 米左右，内部设施比较完善。之所以称其为侦察机，是因为曾有人看到这种 UFO 着陆，有外星人走出对周围进行调查。

第三种是标准型的联络船，这种 UFO 就很大了，一般直径在 710 米以上，可以说是最常见的一种 UFO。这种 UFO 可能是一个联络点，负责收取地面调查数据的 UFO 以及外太空母船之间的联络。很多人被外星人绑架后多是进入了这种 UFO。

最后一类就是大型母船了，这种 UFO 似乎不会降落，但由于其体积巨大，所以即便是在几千米甚至十几万米的高空，仍旧能够被人们看到。而且在目击事件当中，有目击者称有小型或是标准型的 UFO 从这个巨大的家伙中出来，所以我们才推断这种 UFO 是母船。

由此看来，我们很难界定 UFO 究竟是什么样子，鉴于外星人样子有所不同，也许每个星球上的 UFO 形状都是不一样的，这或许也是一种文化差异吧。

至于 UFO 究竟有多少种，我们也只能通过有记录的目击事件来进行核算，大概有上百种之多。至于确切的数字，我们也没有办法统计，因为直至今天，我们尚且不能知晓宇宙中究竟有多少个星球存在智慧生物，自然也就无法统计 UFO 究竟有多少种形状了。也许未来还会有更多形状的 UFO 光顾地球呢！不过要是有一天地球与其他星球之间建立了联系，那么统计 UFO 究竟有多少种样子也就不难了吧！

UFO 是如何实现空中飞行的

UFO 和地球上的任何一种飞行器都不一样，它没有翅膀也没有螺旋桨，却可以前后左右随意移动，甚至还能做到瞬间移动。那么 UFO 的动力系统是什么样子的呢？难不成是外星人靠超能力操作的？

从坠毁的一些 UFO 残片来看，UFO 和我们的飞机有着相似之处，即都是机械的，但 UFO 的动力系统却是我们一直没能解开的谜题，即便它的性能和现行的理论完全吻合，但是凭借现如今的科技水平还是很难达到的。

但可以肯定的是，UFO 的运动机理和我们所了解的是不同的。很多和 UFO 有过近距离接触的人都表示，UFO 在着陆或是升空之前往往会带来巨大的风，其风力要远大于直升机之类螺旋桨的风力；若是在沙漠或是雪原着陆，那么就会引起沙尘暴或是雪风暴。而当 UFO 着陆的时候，土地会被掀起来，如果是悬在大海上空，那么就会掀起十几米高的巨浪，而且海浪是朝向 UFO 方向的。由此可见，UFO 在起飞和着陆的时候都会带有巨大的风力。

人们习惯将这种现象称作"飞碟风暴"。有观测发现，曾有一辆公路上的卡车因飞碟风暴的作用而被卷到了半空中，当飞碟离开之后，大卡车掉入路边的水沟当中。还有一个司机在驾驶汽车的过程中遭遇了飞碟，据当事人描述，飞碟接近的时候他失去了知觉，当他醒来的时候汽车转了 180 度的弯后倾斜在了公路旁。这是不是很像一些影视作品当中的场面？ UFO 似乎会吸起任何靠近的物体，但经过研究后发现，这并非 UFO 中的外星人在捣鬼，而是 UFO 正常运行时产生的物理作用罢了。事实证明也是如此，曾有一个目击者称，他与 UFO 有过近距离的接触，发现飞碟的驾驶员向他打手势，让他与 UFO 保持距离，但因为失误，他还是接触到了 UFO 的边缘，紧接着他就被巨大的吸力拖向了 UFO。由此可见，UFO 行动时"吸"住周围的物体是一种不可控制的物理作用。

这种物理作用似乎会产生一种扭曲和旋转的力量，如果在其运动的时候周边有物体的话，很可能进行螺旋式的运动。

但是如此巨大的力量显然对 UFO 是没有任何反作用的，至少不会伤及 UFO 本身。通常碟形 UFO 的下方都会有一个奇怪的圆柱怪异带，它的作用似乎是产生一种向下延伸的作用力。这种作用力对相应的化学成分会有影响，而对石头或是干燥的木材则没有任何影响。这种力的作用是向上的，这也是最奇怪的地方，但 UFO 本身似乎有什么技术可以抵消这样大的作用力。

UFO 之所以会在地球上着陆后留下痕迹，除了其产生的巨大风力之外，还有一种超自然性质的热力作用。这也非常神奇，因为 UFO 会伤害到草根，但是地面上的草却不受影响。对此美国空军进行了一系列的实验，他们发现将铁盘上的山茱加热到 145℃ 的时候，会出现同样的现象。由此，专家表明，UFO 是以自身交变磁场来让飞碟表面产生热感应效应的。

而 UFO 的周围似乎总存在这类热效应，与 UFO 有过近距离接触的客车司机和乘客们都感受到了。当时法国的一辆客车意外遭遇了 6 架

UFO，当其中一架 UFO 接近的时候，车里人的衣服都着火了。而有一次在 UFO 离开之后，人们发现附近的花草树木都干枯了，似乎水分瞬间被带走了。专家们进行研究后表示，这种能够让水分蒸发的热效应该是 UFO 产生的高频电磁辐射所致。

或许正因为有高频的电磁波，所以 UFO 的表面有"高温保护层"。有一个 UFO 目击者表示，他在看到 UFO 着陆之后因好奇心驱使而触碰了 UFO 的表面，当时他产生了一种遭到电击的感觉，同样的事情也曾发生在其他人的身上。还有的人因戴着手套触碰了 UFO 而招致手套燃烧，但是他在触摸 UFO 表面的时候，并没有感受到 UFO 本身有热量。所以，由此也可以推测出 UFO 的电势并不是特别强，但至于是哪种电我们就不得而知了。

可以肯定的是，UFO 的电磁辐射造成了 UFO 出现时的一系列"灵异事件"，比如 UFO 周围总是伴有彩色的光晕，UFO 表面总是有亮白光等离子体，还会有一些气味等。而 UFO 周围的罗盘指针会受影响而不断摆动，金属路标也会遭到不同程度的破坏，无线电和广播的信号也会受到干扰，更有甚者还会大面积断电。

如果此时在 UFO 周围有人的话，那么人可能会出现短时间的瘫痪等状况。基于此，我们也可以推断出，有些人认为自己在遭遇 UFO 的时候无法行动其实不是因为外星人控制了他们，而是周围的磁场和 UFO 产生的各种作用力导致的。

UFO 的电磁辐射能非常强，但是我们并不了解 UFO 是怎样做到减少惯性和引力的，外星人肯定是解决了这个问题，才能保证 UFO 超音速飞行。当然，我们现在所知的多是 UFO 出现时产生的一些现象，能够解释的也是在现有的科学水平上，更多的还是关于它的未解之谜。

也许未来的某一天，当人类的科学水平发展到一定的高度，或者外星人前来地球为我们讲解，我们就能彻底揭开 UFO 的神秘面纱了。

UFO 的神奇光线，治愈还是伤害

伴随 UFO 出现的，除了少量被发现的外星人外，更多的是不明飞行物发出的不同颜色的光线。据统计，这些被目击到的光线，有绿、蓝、红、黄、白等不同颜色，有的能袭击、伤害地球人，有的则能疗伤。对于本身就谜一样的 UFO 来说，神奇的光线以及对人们随意施加光线的未知生物更让人们迷惑不解。对人类来说，它们的造访和干预究竟是福还是祸呢？

1981 年 10 月 17 日，在巴西北部的小镇帕讷拉马发生了一件奇怪的谋杀案。这天傍晚，费雷拉约他的朋友阿维尔·博罗去森林打猎。为了等待猎物，两人爬到矮树上隐藏起来，就在这时空中突然出现一个飞速移动的不明发光体。两人本来以为那是流星，但他们亲眼看到那不明发光体正越变越大、越来越亮，直到近得可以看清那是个像卡车轮子一样的飞行物。随着飞行物的变大，光亮也越来越强，将本来昏暗的四周照得亮如白昼。费雷拉由于过于惊恐和紧张，一不小心从树上摔了下来，仓皇爬起后便开始没命地逃向远处。不幸的是，留下来的阿维尔·博罗被一束强烈光线扫过，然后便仰面倒地，躺在那里一动不动了。

　　当时虽然目睹了这一切，但由于太过害怕，费雷拉还是拼了命地丢下同伴逃走了。那一夜，费雷拉始终忐忑难安，天一亮就到阿维尔家打听去了。可是，他最不想发生的还是发生了，阿维尔并没有回来，他便向阿维尔一家人述说了昨晚的遭遇，然后一起前往事发地寻找。飞行物早已踪影全无，地上只有阿维尔·博罗的尸体。阿维尔死前一定是受到了极度的惊吓，脸色惨白而神情恐怖，更令人恐怖的是，他全身的血液已被尽数吸光。

　　跟阿维尔的遭遇相反的是，美国俄亥俄州的一位女孩在遭遇 UFO 和神秘光线后，身上的疾病竟得到了治愈。那是 1974 年 3 月的某个夜晚，嘉基·布史夫人正与 3 个子女一起看电视。突然，电视画面变得非常模糊，接着完全失去了画面。布史夫人以为电视出了故障，便让孩子们回屋睡觉。

　　当布史夫人安顿好孩子们，关上所有的电灯时，发现漆黑一片的窗外突然射进一道耀眼的光线，这光线正好照在她的脸上。只不过一瞬间，光线便消失了。当她睁开眼睛时，听到外面传来沉闷的响声，于是赶紧跑向外面，发现一架飞碟正浮在夜空中。那闪烁的白光中还夹杂着丝丝缕缕的红光，忽明忽暗。接着，飞碟很快就消失在了夜空中。

　　接下来的几个星期，布史夫人发现自己头痛不止，眼睛更是不停地流泪。然而，这种症状没有持续多久就消失了，更神奇的是，布史夫人 30 多年的近视眼竟痊愈了。接着，布史夫人又到医院接受 X 射线检查，发现胃病和甲状腺异常竟也痊愈了。

　　无独有偶，土耳其的马尼萨市也发生过人被 UFO 光线治愈的事情。1988 年 12 月的某一天，马尼萨市的上空突然出现一架闪烁着绿色光线的圆盘形 UFO。UFO 悬浮在那里大概 1 小时，许多居民都发现了这个异常现象，并拍摄了照片。面对 UFO 如此安静地出现，人们一面感到恐惧一面又难掩好奇，于是纷纷前去围观。奇怪的事发生了，就在 UFO 消失不久，22 名疾病患者报告说自己不知何种原因恢复了健康。甚至，这其中有盲人复明、失聪者重新听见声音、靠氧气袋维持生命的女孩重获新生。而他们康复的原因竟是他们的共同经历——那天目击了 UFO。

这让当地的医生疑惑不解，有位女士曾告诉一位医生，当飞碟发出的绿光透过窗户照射到她瘫痪的丈夫身上时，奇迹出现了，丈夫麻木的双腿竟然有了感觉，并开始慢慢移动，接着他便能下床走动了。另外有一位名叫卡马尔的瘫痪病人在 UFO 出现后的第二天，也能像正常人一般走动了。

在确定这些情况属实后，医生立即汇报给安卡拉公立医院。很快，安卡拉公立医院组建了一支专家队伍抵达马尼萨市进行走访调查。最后的调查的结果尽管令人难以相信，但正如这位医生所料，令患者恢复健康的只能是来自这架 UFO 的神奇光线。

外星人的基地在哪里

UFO 偶尔会光临地球，它总是匆匆出现又匆匆消失，不留一点痕迹。它是怎么做到的呢？为什么能够在短时间内到达地球呢？基于此，很多人开始猜测，外星人在地球附近或者地球上是不是有基地。

关于外星人的基地在哪里，人们展开了热烈的讨论，总结起来大概有两种意见：一部分人认为外星人离地球不远，就在地球附近的星球上；还一部分人认为外星人的基地根本就在地球上，也许就在某个不为人知的角落，所以人类的 UFO 目击事件才会那么多。

不过认为外星人基地在地球上的人们也有分歧，那就是基地究竟在何处。以美国原海军少将拜尔德将军为核心的一部分人认为外星人的基地在地心位置。因为人类集中生活在地球表面，所以在地表之下极深的位置建立基地自然不会有人知晓。

拜尔德之所以这样认为，是因为他曾有过看到地心基地的亲身经历。1947 年 2 月，他率领探险队在北极的某个基地内进行飞行探测。当他驾驶飞机飞到 707 米高空中时，感到飞机有些晃动，稍稍下降之后又回到平稳状态。之后他又尝试飞到 610 米，还是比较平稳的。就在这个时候，他发现地面有些地方反射着微黄色的光泽，而且冰雪还分散成直线状，不同的地方显现出不同的颜色。这一切简直太不可思议了！正当他想同基地联系报告时，指南针开始剧烈晃动，六分仪也无法使用了。他试着飞到 900 米的高空，飞机竟然剧烈地震动起来。当飞机穿过一片山脉之后，他竟然在北极看到了一片郁郁葱葱的景象！那里青草遍地，溪水潺潺，但是没有阳光，取而代之的是一种奇特的光线。

之后他将飞机下降到 305 米，这才看清那片土地，土地上有很多动物，甚至还有早就灭绝的猛犸象！继续飞行一段时间之后，他看到了一座闪闪发光的城市，而此时他的飞机就像被某种巨大的引力吸引一般开始降落。几分钟后，飞机安全着陆，有几个和人类差不多的人走上来迎接他。之后，拜尔德和无线电通信员都受到了那里人的热情款待，他还被带领着上了一台升降机，参观了地下的基地。带他参观的人说那里叫作"阿里亚尼"，是一个比地球文明发达许多的基地。两个人进行了深入的谈话，对方表示现如今地球上的战争实在是太多，而且还涉及了核战争，所以他才招来了拜尔德，希望他回去后能够向所有的人类传达消息，不要再走向自我毁灭了。

出于这种经历，拜尔德认定外星人在北极的地下有着属于它们的基地。然而基地究竟在哪里，至今仍旧没有找到，所以即便拜尔德在日记当中记录了这件事，人们仍旧无法相信。

除了拜尔德的"地心基地说"之外，还有部分科学家认为外星人的基地很有可能在海底。毕竟我们人类对海洋的探测比较有限，而且海洋深处确实是一个比较神秘的地方。这些科学家认为，亚特兰蒂斯并没有消失，只是在海底建立起了另一种先进的文明，那里的人在海底生存，偶尔会驾驶 UFO 到地面上来。

之所以会有这种看法，是因为海洋当中的神秘事件实在太多了。1902 年，一艘英国货船在几内亚海域发现了一个直径 10 米、长 70 米的浮动怪物，当船靠近的时候，这个庞然大物竟然悄无声息地消失了。1973 年，北约组织和挪威的几十艘军舰在维斯克斯那湾也发现了一艘像幽灵一样出没的潜水艇，而且几十艘军舰都没能围捕到它。1990 年，斯里兰卡马他拉港南部海域上的一艘游船同样遇到了"怪物"一样的东西，而且这个"怪物"会发射出让人难受的光束，并会影响船上的仪器。当然，一切结束之后它也悄然消失了。

百慕大三角更不必说了，那里总是有各种奇奇怪怪的事件发生，更是被人们公认为 UFO 出没地。好多飞机或者船只都在这里遭到劫难，甚至失踪，并且事后基本都找不到遗骸。所以就有人推测海底有外星人的基地，而百慕大就是它们的总部。

当极地和海洋这样神秘的地方都被人猜测到了之后，沙漠和戈壁自然也不例外了。对于人们来说，荒无人烟的地方自然是最为隐秘的，在那里建立基地也不是没有可能。而且猜测沙漠和戈壁同样有着一些证据。

1969 年，内蒙古兵团的一个女青年看到了 UFO，当时这架 UFO 以一个火球的形态在距离她几千米的地方着陆了，但是当一群人到达着陆地点之后，UFO 又迅速飞走了。根据当地居民的说法，UFO 在当地并不鲜见，所以人们在想是不是因为这里有一个 UFO 基地，所以才会有那么多的目击事件。1987 年，苏联的科考队在戈壁沙漠意外找到了 UFO 残骸，里面还有 14 具外星人的尸体，而且这些尸体已经有上千年的历史了。中国著名作家三毛也在电视采访中表示曾在撒哈拉沙漠中两次目击过 UFO。

如此荒芜的地带却频频出现 UFO，也难怪科学家们要怀疑了。再者，UFO 降落时会有很大的动静，我们已经知道它会带来很大的风力和热能，而沙漠之中全是流沙，没人会注意到，并且沙漠和戈壁可以帮助 UFO 隐藏自己，不至于被人们发现。从这些角度来考虑，外星人选择沙漠作为基地也并非不可能。

而极地地区除了北极之外，也有人猜测南极，因为有人表示南极的陆地上有一个通往地下的孔洞，还有人称在南极地下进行探测的时候曾经遇到过巨人，不过同拜尔德将军一样，证据并不充分，所以有人相信也有人怀疑。

不过这些都是有可能的，毕竟那些地方荒无人烟，但在众多的说法当中，有一个最为奇特，那就是认为墨西哥的一个村落是外星人基地。为什么会这样说呢？因为那里的村民经常见到 UFO，早就见怪不怪了，根据相关人士的统计，那里每年发生的 UFO 目击事件超过 500 起！也就是说一天没准就能发生两三起！而且这个地区的 UFO 多种多样，大小不一，所以人们猜测外星人可能在那里建立了自己的基地。

现在你是不是觉得哪种说法都有可能，甚至有些混乱了？别着急，地外基地说我们还没有了解呢。有些人认为外星人既然想要隐藏自己，断然不会冒失地在地球上建立基地，风险太大了，所以它们的基地应该在地球之外，这样地球人才不容易找到它们。

而至于外星人的基地在地球之外的哪里，又是众说纷纭了。有人认为外星人的基地应该在距离地球最近的地方，也就是地球轨道上。1961年，雅克·瓦莱通过巴黎天文台发现了一颗与众不同的卫星，这颗卫星和其他的卫星运动方向完全相反，瓦莱将其命名为"黑色骑士"。这颗卫星体积不大，但是看起来就像金属球体一样非常耀眼。而它的运转方向与其他卫星不同也引起了很多科学家的注意，要知道卫星的运行方向多是与地球的巨大吸引力有关系的，而它却能够改变重力的影响做到逆行，所以很多人猜测它就是天外来客在地球附近的一个基地。

不过也有其他的一些发现认为基地在别处，但仍然在地球的轨道上。1983年美国发射了红外天文卫星，这个卫星在猎户座的方向发现了一个神秘的天体。6个月之后人们再次发现了它，这似乎证明它在空中有比较稳定的运行轨道。不过和"黑色骑士"不一样，这个卫星体积非常大，而且外围有很强的磁场保护着，内部还有先进的探测仪器，甚至有发报设备。这显然不是浑然天成的，那么它是谁发射出来的？发射它的目的又是什么？于是，人们纷纷猜测这附近可能就有外星人的基地。

当然，并非所有人都认同这样的观点，比如相信月球基地说的人。但事实上，这种说法是被广泛认同的，因为在阿波罗登月计划成功之后，人们就在月球表面发现了一些 UFO，而且似乎还有其他的建筑，再加上曾有人在月球表面拍摄到了 UFO 的照片，所以很多人都相信外星人在那里有属于自己的基地。

也有认为火星是外星人基地的，因为在很多传闻当中人们都认为外星人来自火星，所以也习惯将外星人称作火星人。这种说法也不是没有道理的。因为根据近年来的研究报告，火星是除地球之外最适宜生存的星球，各个方面和地球都非常相似，既然地球上有生命存在，那么火星上说不定也有。而且探测的过程中发现，火星的表面上也有一些文明建筑的废墟。更加让人感到奇怪的是，地球上有个原始部落自称是火星人后裔，而且他们还拿出了一片半月形的飞船残骸。根据与这个原始部落有过接触的专家文斯罗夫的说法，这个部落的人样貌确实异于常人，比如他们没有眼球、皮肤发黑等。

但这个说法也是比较具有争议性的，一个曾经那么辉煌的文明怎么会到地球之后沦落到原始部落呢？这也正是人们无法解释的事实。

除了火星之外，金星和木星也都在人们的猜测范围之内。金星自然不用说了，其表面的文明废墟建筑足以说明一切，那么为什么木星也在人们的猜测范围当中呢？这是科学家们调查后推测出的结果。科学家们在实验室里模拟了木星表面的环境，然后做了生命发展模拟实验，结果证明木星上不仅可能有生命，而且可能存在高度发达的文明，它们有无线电仪器，还能连续发射信号。

说到底，关于 UFO 基地究竟在哪里这个问题，猜测多于证据。其实人们大可不必争论不休，就像一个国家会有其他国家的大使馆一样，说不定我们之前了解的这些地方都是外星人的基地，只是它们来自不同的星球罢了。当然，如果它们在这里建立基地这么多年，也没有伤害过人类，说不定未来的某一天人类和外星人真的能够做朋友呢！到了那个时候，也许我们就有机会参观神秘的外星人基地了。

我们能否抵挡得住外星文明的入侵

在诸如《独立日》等很多以外星人为题材的影视作品当中，外星人多以掠食者的身份光顾地球，到了地球之后就开始大肆杀戮，企图占领地球，然后人类会在起初的被动局面中渐渐显现人性的光辉，之后开始回击，最终人类站在正义一方战胜了可恶的外星人，夺回了原本属于自己的家园。

当然，我们都知道这是艺术作品，并不是真实发生过的，是为了彰显人类的伟大而创作的，作者同样是人类，有着人类的自负和局限性。如果外星人看到这一切的话，它们会怎样想呢？如果有一天它们真的侵略地球的话，我们是不是真的能够像电影当中那样战胜外星人呢？

这个问题的答案可谓是仁者见仁，智者见智了，因为一切都没有发生，所以我们不知道结果。有的人觉得这是肯定的，因为在危难面前，人类总会展现出团结和睿智的一面；当然也有人认为如果外星人真的侵略地球，那就意味着世界末日，毕竟历史上很多次大灭绝都将矛头指向了外星人。也有一部分人觉得这个问题没有意义，这不是杞人忧天嘛！根本不会发生的事情担心什么呢？

虽然前两种看法我们没办法判断孰是孰非，但是最后一种想法显然有些太乐观了。迄今为止，已经发生了好几起外星人劫持人质，或是拦截飞机之类的案件。也许那些突然出现的外星人和UFO是太空旅行者，或者是为了科学等其他目的来的，但我们也不能完全放下戒心，至少那些作出伤害行为的外星人肯定是有不良目的。

不管大众怎样想，政府一定会做好危机公关，所以各国的军队都在积极开发新技术，虽说不会主动去招惹外星人，但当外太空的侵略者到来时，我们不至于毫无反击之力。

实际上，根据已经公布的各国军事实力，我们大可不必担心。现如今人类最先进的战斗机是F-22猛禽战斗机，这款由洛克希德·马丁公司生产的战斗机拥有隐形技术，除了空袭、地面攻击之外，还拥有电子作战以及搜集信号情报等功能。可以说在军需方面，洛克希德·马丁公司生产了不少强有力的武器，除了F-22猛禽战斗机之外，还有隐形巡航导弹。这种导弹的弹头可以装备任何常规或者生物、化学以及核武器，能够在不被发现的基础上接近目标并进行远距离攻击，这样理想的武器对付外星人或许还是有些胜算的。

不过仅仅靠这些装备还是远远不够的，我们已经了解到外星人对激光有一定的研究，因此在防备武器开发方面，激光也是必不可少的一环，但现在美国军方主要将激光用在定位和非杀伤性功能上，因此即便如今的激光器对作战有所帮助，但完全没有能力抗衡 UFO。基于此，诺斯罗普·格鲁曼公司加强了对激光的研发，在 2009 年就已经开发出可以摧毁飞机或者坦克的电子激光。他们将这种激光器系统称为"射程超远的高性能狙击枪"。

不过在没有真正和外星人交战之前，我们并不能完全肯定能够战胜它们的武力或者高科技。另外，除了政府在进行研究之外，某些脱离政府的秘密机构或许也在探索更为先进又不为人知的技术。政府以及军方进行的武器研发一定会在人道主义的基础上，或者在某些原则的基础上进行。但那些背地里运作的项目可能仅仅看重其威慑力，对其他的一切也许都不会在乎，说不定还有我们不知道的针对外星人威胁而进行的邪恶计划呢！

当然，这也是我们的猜测，事实是否真的如此我们仍旧不得而知。但可以肯定的是，政府以及军方并没有坐以待毙，至少做了准备工作，只是有很多内情可能我们不知道而已。事实上，政府的很多行动似乎都在隐藏着什么，尤其是美国军方，还记得 51 禁区吗，很多人都认为军方不仅仅对 UFO 进行理论研究，甚至有了开发行动，而且还"复制"成功了。

虽然美国军方并没有站出来说明什么，但至少对于某些狂热的UFO 迷们来说这是一颗定心丸——如果人类也有研发 UFO 的能力，那么至少证明人类与外星人之间是可以一较高下的，而不是单方面的被动挨打。

更有意思的是，一些秘密军事团体已经模拟了一些类似于外星人的劫持活动，通过反情报军事行动来推断外星人的目的。而事实上这种劫持行动是饱受争议的，毕竟其不被法律所允许。

大概是 1990 年的时候，军事劫持开始被公开讨论。一开始是卡拉特纳博士采访了一些被人类或非人类劫持过的当事人。他们被劫持后通过综合化学药品、催眠或者其他技术而有了失忆的表现，虽然有些人不能完全消除记忆，但记忆也会受到一定程度的干扰。因此，很多当事人都是在被劫持多年后才找到真相的。

可以说那些秘密军事集团可能出于防备外星人的目的才会作出这样的行为，但是这种行为饱受争议，为了得到某种进步而对人类本身进行伤害，那不是替外星人做了它们想要做的事情吗？所以说即便目的可能是站在地球的角度考虑，但是站在人道主义的角度上来说还是非常邪恶的。

因此有些人开始担心，这种行为会不会不受控制，在外星人侵略地球之前人类就已经起了内讧，自相残杀，如果真的有那么一天，也许外星人轻轻松松就能掌控地球，甚至不需要战争就能够收服那些疲于战争的人类。

当然，也有一些比较极端的人或许会感谢这种不人道的行动，因为外星人入侵之后说不定我们还留有一张"底牌"呢！这全仰仗之前的那些非人道研究。但我们必须清楚，不管外星人是否会侵略地球，人类的初衷都是营造一个和平发展的环境，不管是地球范围内的还是宇宙范围内的。说到底，我们需要抵抗外星人的能力，却不需要极端超越对方的能力，毕竟我们的目的是和平而不是战争。

[地球人对外太空的探索]

有关UFO和外星人是否存在的争议从来就未停过，

大家并不能完全相信它的存在，却从未停止过对它的探索。

于是人类向外太空寄出了自我介绍的"名片"，

而政府机构也有很多不为人知的UFO计划。

先驱者计划：向外太空发出地球"名片"

你是怎么看 UFO 的呢？是否对它有浓厚的兴趣？其实对未知世界充满好奇的人很多，所以我们并不需要担心没有人去研究它们。虽然现如今公布的一些 UFO 和外星人信息仍旧遮遮掩掩，但我们必须相信，这并非各国政府在有意阻挠，而是在没有确凿的证据能够将宇宙之谜解开之前，相关人士不能信口开河。

比起我们这些"闲杂人"，科学家们实际上早就作出过不少努力了。在有些人看来，科学家们似乎有些被动，总是等着外星人驾着 UFO 光临地球，然后再急匆匆地前去调查，当外星人离开之后就很快忘记。

其实事实根本不是我们想的那样，UFO 的出现时间和地点以我们现在的科技水平确实很难预测，所以我们的行动似乎总是晚一步，因此显得很被动。但实际上，人类为了探索外星人也做出了很多积极主动的举动，比如探索外太空的高级智慧生命。

我们需要了解一点，外星人的存在说明一定有一个星球和地球一样是生命的载体，那么人类有没有主动与其联系的可能呢？这个想法科学家们早就付之于实践了。确实，UFO 能够来到地球，我们能够接收到外星人的奇怪电波，那么换个角度来看，我们也可以主动去探索，发出来自人类的邀请。

早在 20 世纪 70 年代美国就做出了相应的行动，美国宇航局在

1972—1973 年先后发射了"先驱者 10 号"和"先驱者 11 号"两个行星探测器。这两个探测器是为了对木星和土星进行探查，结束之后它们并未回收，而是直接飞出了太阳系。

你或许会问："外星人看到这些有什么意义呢？他们知道这是地球人的杰作吗？探测器上连个人都没有。"这就不需要我们担心了，科学家早就想到了，于是他们在这两个探测器上分别放了一张地球"名片"。

名片想必大家都见过，就是将自己的信息写在卡片上，以便于别人记住和了解自己，而地球"名片"和我们日常当中所见过的名片并不相同。之所以称之为地球"名片"，是因为它和名片的意义是一样的，为了给外星生物介绍地球，但无论是从质地还是内容上来看，都有别于普通的名片。

地球"名片"是一个 23 厘米 × 15 厘米的铝盘，上面的内容也不是文字，而是一些图案。之所以这样设计，是因为铝制品要比纸张结实许多，而且在外太空的环境当中也能维持原样，至于上面不书写文字，那是因为仅仅地球上就有许多不同的语言，外星生物可能根本不懂，图案自然是通用的一种表达方式，外星人也许能理解。

那么地球"名片"上的内容都有什么呢？其由美国康奈尔大学教授卡尔·萨根和他的夫人琳达·萨根以及"奥兹玛计划"的领导者德雷克共同探讨设计，他们将地球在太阳系中的位置、距离地球最近的脉冲星位置和周期以及先驱者号的飞行路线标注在上面，最大限度地介绍了地球的位置，除此之外，他们还将地球的主人——男人和女人的裸体形象刻在了上面，这就介绍了主宰地球的生物形象，除此之外，还有氢原子的结构。

　　可以说在这张不大的名片上已经尽可能地介绍了地球，至于这张"名片"可以保存多久，这更无须我们担心，星际空间环境特殊，腐蚀率非常低，这张"名片"在太空中可以保持亿万年之久！

　　当然，两个探测器并非有目的性地发射，因为我们并不知晓外星生物的具体位置，也就是说即便我们主动发出了邀请函，介绍了地球，也只能等待外星人看到。简单来说，"先驱者10号"与"先驱者11号"就像两个漂流瓶，是否能够得到回应我们完全无法预料。

　　或许正是基于这个原因，最终两个探测器都失踪了。1997年，埃姆斯研究中心决定结束先驱者计划，因为收回的科学数据越来越少，而维持整个计划的开销又非常庞大，所以不得已，两个"先驱者"被放弃了，成为太空的流浪者。

　　但让人没有想到的是，2001年已经许久没有消息的"先驱者10号"发回消息，表示它在太阳系外依旧安好，但8个月后它又失去了行踪。人类对它最后的认知在2002年，当时科学家通过探测发现它依旧在正常运转，但是2003年因燃料耗尽而彻底与地球失去了联络。

　　"先驱者10号"当中除了有地球"名片"之外，还有科学家挑选的一些图片和声音，为的是让外星人发现之后了解地球，并表示出地球人类的友好。可惜"先驱者"已经流浪于外太空，所以这张"名片"是否能够被外星人看到，我们也只能在心中祈祷了。

　　你是否对此感到惋惜？难道人类就不能更加积极主动一些吗？就只做出过这样一种行动吗？当然不是，就在"先驱者计划"实施两年之后，也就是1974年，科学家们又通过当时世界上最大的射电望远镜——阿雷西博天文台射电望远镜向外太空发出了一份3分钟时长的电报。

这份电报通过数学语言进行编写，采用计算机式的二进制符号表示了 1679 个符号。如果外星人发现了这份电报的话，我们可以相信以他们足以到达地球的智慧一定能够将其进行拆分重组，分析出地球人所要表达的内容。你是不是好奇这份电报中说了什么？

电报的内容是这样的：

这是我们从 1 数到 10 的介绍。我们认为有趣又重要的原子是氢、碳、氮、氧、磷。这是地球生命遗传物质 DNA 分子的基本组成物的化学式。地球人的身高大概在 176.4 厘米，地球就在太阳系当中，人口有 40 亿。太阳系中除了地球还有八个行星。这封电报来自一台 305 米射电望远镜，其承载的是来自地球人类——你们忠实的朋友的问候。

比起"先驱者计划"当中的两个"漫无目的"的探测器，这份电报的目标就比较固定了，人们将它发射到了 2500 光年外的武仙座星团 M13。不过，和"先驱者"探测器一样，在外星人发现之前我们都无法判断目的地是否有生命的存在，之所以选择这个星团，是因为它距离地球比较近，而且在这个星团中有数十万颗恒星，这也就提高了信号被接收的可能。只要在这几十万颗恒星当中有一颗具有可以操控大型射电望远镜的智慧生命，人类发出的这份地球电报就有可能被接收，也就有可能建立起一种联系。

不过可惜的是，即便对方给出答复，我们也无法见证了，因为我们与其之间有 5 万年的时间差！

地球之音计划：让地球的声音唱响宇宙

　　"先驱者计划"可以说是人类对外太空生命探索的一次试水，在那之后，人类也做出了各种各样的努力。在 1977 年的 8 月和 9 月，美国又向外太空发出了来自地球的示好。不过这次不是电报也不是名片这样严肃的东西，而是更加美好的"地球之音"。

　　对于唱片，大家应该都非常了解吧？如果你有喜欢的歌手或者影星，一定会收藏他们的作品，仅仅是在网络浏览倾听显然不够，自然要通过光碟的方式收藏才好。而那些我们崇拜的偶像或者歌手们最引以为傲的就是唱片的销售量，能够出一张"白金唱片"似乎是所有歌手的目标。

　　不过，任何一个拥有"白金唱片"的歌手比起发送到太空的唱片，都显得逊色许多。没错，1977 年发出的"地球之音"就是张唱片！不过这张金唱片并非某个著名歌手的作品，它承载的可是联合国秘书长的声音，还有地球上很多信息以及美国总统签署的一份电报。

　　接下来，让我们详细了解一下这张地球上最珍贵的唱片吧。1977 年，美国发射了"旅行者 1 号"和"旅行者 2 号"两艘宇宙飞船，将两张承载着"地球之音"的铜制镀金激光唱片带到了宇宙空间。

　　"地球之音"唱片比我们日常看到的唱片要大一些，直径有 30.5 厘米，人们用铝制的盒子作为它的包装盒，盒子中除了唱片之外，还有一个磁唱头和一枚钻石唱针。人们将唱片盒用钛制的螺栓固定在飞船上，然后在盒子上刻上了使用说明，当然表述时用的是科学语言。

　　你或许发现了，发往太空的很多东西都是铝制的，之前的名片是，这次的唱片也是，它们都能够长时间保存，据说这张唱片能够在宇宙中保持 10 亿年不变音。

　　介绍完了唱片大致的样子，你是不是好奇联合国秘书长说了些什么？在唱片当中，时任联合国秘书长瓦尔德海姆是这样说的："我是联合国秘书长，一个包括地球上几乎全部人类的 127 个国家组织的代表，我代表我们生存的这个星球向你们问好并表示敬意。我们走出属于我们的星球星系进入宇宙，只是为了寻找友谊与和平。我们知道人类只是浩瀚宇宙中的沧海一粟，我们带着对宇宙的敬畏与其他生命的敬意而采取了这种行动。"

　　而当时美国总统卡特签署的电报内容则介绍了唱片和地球的一些简单的情况。电报的内容是这样的："现在载着这个'地球之音'的宇宙飞船是由美国制造的。地球上共有 40 亿人口，而美国占了其中的 2.4 亿。虽然地球上有很多国家，但是现如今这些国家在努力地向一个地球村进化。这份电报能够保存的时间大概有 10 亿年。届时我们的文明已经发生了深远的改变，地球也可能发生了巨大的变迁。如果你们遇到了'旅行者号'，请收下这份来自地球的小小礼物。其中包含着我们这颗遥远小星球的科学、声音和形象，当然其中也凝结着我们的文化、思想和情感。我们致力于留存我们所在的这个时代，以便于你们能够对我们有基础的了解，我们期待着有一天大家能够共同解决同样面对的问题，以加入银河系这个大家庭。这张唱片可以说是将我们的希望寄予在这令人敬畏而又广阔无垠的宇宙，希望遥远的世界能够收到这份祝福。"

就像卡特总统介绍的那样，这张唱片当中确实是我们人类和地球的一个缩影，除了总统签署的电报以及联合国秘书长的发言之外还有大量的信息，这些信息累积有两个小时的内容，都是人们精心挑选的，共有116幅图片、35种声音、27首世界名曲以及55种不同语言的问候。

在116幅图片当中，有太阳系的方位图、地球的照片、太阳系的参数以及太阳光谱，还有太阳、火星等太阳系星体的照片。除了这些宇宙照片外，还有反映各种科学的图标、照片，其中涉及数学、物理、化学、生物、地质等学科。当然，更少不了最直观的人类和动物的照片，包括生殖与进化的照片，以及解剖图和轮廓图。人类的智慧也是必不可少的，因此还有很多世界知名建筑的图片，如中国的万里长城、联合国大厦、悉尼歌剧院等，以及反映人类科技水平的图片，如有火车、飞机等交通工具和宇航员、大型射电天文望远镜，等等。

至于精选的35种声音就更加特别了，其中大部分是自然界的声响，比如火山爆发时的"怒吼"、地震时的可怕声音、狂风呼啸和大雨倾盆时的声音以及划破天际的雷声。动物的叫声也是必不可少的，而人类文明的声音也蕴含其中，除了哭声和呼吸声、心跳声这种比较基本的声音之外，还收纳了轮船、火车等交通工具的声音。除此之外，还有一些平时我们没有听过的模拟声音，比如脉冲星产生时发出的声音以及行星运行时的声音，等等。

在两个小时的内容当中，仅世界名曲就占了90分钟的比重。27首世界名曲来自不同地区、不同民族，甚至不同的时代，但都是我们耳熟能详的作品，比如《降B大调第十三号弦乐四重奏》《高山流水》《布兰登堡协奏曲第二号》以及《茫茫黑夜》等，这些当之无愧的世界名曲自然也能够代表我们人类的光辉文明。

至于 55 种语言的问候就更不用说了，有中文、英文、日文和法文等，当然外星人是否能够解读听懂我们就不得而知了。

这张唱片可以说是地球的"代言人"，比之前的"先驱者"更加先进，但它和"先驱者"面临同样的问题，就是外星人是否能够收到来自地球的声音，我们除了等待，似乎别无他法。当然，这也仅仅是现在，就像之前卡特总统说的那样，地球在发展，人类文明也在变迁，今天我们无法寻找到外星人的踪迹，谁又能保证在未来不会找到呢？

奥兹玛计划：通过监听探知地球之外的文明

1924 年，人类首次意外地接收到一段来自 5 万年前的奇怪电波，当时这件事情并没有引起人们的普遍关注，但是在 1927 年、1928 年以及 1959 年，人们又收到了这种奇怪的信号，于是有人开始研究这些来自地球之外的奇怪信号究竟是什么。为了研究这些，美国全国科学基金会制订了当时世界上首个监听宇宙信号的计划。

在神话传说当中，有一个叫作奥兹的地方，它非常特别，而且在非常遥远甚至是遥不可及的地方，所以也很神秘。在故事当中，奥兹有一位公主名叫奥兹玛，于是科学家们为了监听宇宙信号，便给计划取名为"奥兹玛计划"，意在寻找遥远的地球之外的文明。

这个计划于 1960 年对外公布，但实际上其在公布之前就已经制订了，只是当时没有公布。那时的监听仪主要集中在美国西弗吉尼亚州的格林班克，基金会的射电天文观测台就设置在那里，而台长则由天文学家奥托·斯特拉夫博士担任。

到了 1960 年，斯特拉夫博士决定对外公布"奥兹玛计划"，并且还公布了一份引起全球关注的公报，在公报里他表示，在银河系当中存在生命的星球绝不止地球一个，甚至有 100 万个以上，而且其中有些具有高度文明的星球已经知道地球的存在了。

这样爆炸性的消息使得"奥兹玛计划"很快就受到了人们的关注。当时主持这项计划的是著名学者弗兰克·德雷克教授。相比一些较为保守的科学家，他主张地球应加强对宇宙的探索，因为他认为和同样具有高度文明的星球发生接触对地球是百利而无一害的。比如我们可能从别的星球找到治愈不治之症的新药，或者研究出长生不老的秘方，当然也能够通过与其他星球接触而揭晓更多的宇宙奥秘，等等。不管怎么说，同外星文明接触都会推动地球文明的进步。不仅如此，德雷克教授还表示，人类已经拥有截获外星宇宙飞船之间电波传送的能力了。当然至于是真是假，我们就无从知晓了。

当时德雷克教授带领着科研小组准备监听类太阳恒星鲸鱼座 T 星，这个恒星距离地球 11.9 光年，可能是因为距离较近的原因，所以教授选择了这颗星，但可惜的是并没有什么结果。不过德雷克教授和他的小组并没有因此放弃探索，转而将目标对准了波江座的 ε 星。这个星球距离地球更近一些，只有 10.7 光年，可喜的是他们一开始就接收到了一个每秒 8 个脉冲的强天线电信号，而且 10 天之后他们又一次接收到了这个信号。

虽然这是一个令人振奋的消息，但是经过事后确认，结果却让人大失所望，因为这个信号并非外星人发给我们的电报。类似这种情况还有很多，在 3 个月的时间当中，"奥兹玛计划"监听了 150 个小时，但最终都没有什么令人感到饱含希望的结果。"奥兹玛计划"第一期就这样流产了，而德雷克教授也因为这件事备受压力。

虽然很多人认为"奥兹玛计划"应该就此结束，但是美国科学家们并不愿就此放弃，于是在 1972—1975 年他们开启了"奥兹玛二期计划"。这次科学家们扩大了探索的范围，将地球附近的 650 多个星球都列入了观察范围，希望能听到其他星球上生物发出来的信号。

不过，不论当时还是现在，科学水平虽然有所进步，但人们也只能监听地球周围的几百个星球，再加上所用的频率非常有限，所以"奥兹玛二期计划"同样没能带给人们太多惊喜。对此，德雷克教授不得不承认与外星文明取得联系是难以跨越的鸿沟。两次计划中，科学家们频频受挫，因为我们的探索是没有目的性的，不知道外星人究竟在哪里，究竟哪个星球上有我们所期待的高度发达的文明，这对于我们人类的探索行动来说，就像海底捞针一般艰巨，因为我们所要探索的是整个浩瀚的宇宙，就算阿雷西博望远镜再高级，也要指向无数个方向，光筛选工作就是我们需要面对的一大难题。

所以虽然科学家们不甘心，但"奥兹玛计划"最终还是流产了，没能一直继续下去。毕竟要维持一个如此宏伟的计划，需要大笔资金的支持，也需要高科技的支援。在地球上，很多地方的发展都需要这些，所以权衡探索和发展地球，人们不得不选择后者。

不过在"奥兹玛计划"之后，人们并没有彻底放弃对外星智慧生命的探索，有很多搜索计划都是针对外星文明制订的。有一项被称为"SETI计划"的项目一直维持到了今天，又名"凤凰计划"，与"奥兹玛计划"差不多，它也旨在探索外太空的"声音"。这项计划以大型射电望远镜为媒介，探测背景辐射、星体发出的电波以及其他一些杂音。当然，仅仅是探测并不能发现什么，后期还需要科学家对这些信号进行分析，然后再看看其中有没有向5万年前的电波那样有用的信息。

当然，这类计划的详尽内容我们无从知晓，但从"奥兹玛计划"到"SETI 计划"，所有监听到的信息可以让我们认识到一点，那就是宇宙生命可能产生在地外"太阳系"，所以探测的目标应该放在与太阳有共同点的星球上。我们的射电望远镜监测的最优频率在 1000—10000 兆赫，这个频段内噪声是最低的。如果外星人真的想和我们建立联系，那么很可能会选择这种波段进行"对话"，这个范围叫作"微波窗口"。而如果我们要主动探索的话，那么就该用那些诸如无线电波类的光速传播的电磁波。

科技是在不断进步的，"奥兹玛计划"虽然流产了，"SETI 计划"虽然没有什么惊世之举，但这些都是时代的印记，只要我们像德雷克教授那样，不管遇到什么挫折都不放弃，那么早晚有一天我们能够建立起宇宙通话，和外星文明进行一次深入接触。

克格勃蓝色档案：苏联 UFO 研究绝密资料

　　不知道大家对各国政府与 UFO 之间的关系是怎样看的，似乎总有很多人戴着有色眼镜将政府放到真理的对立面，似乎政府在 UFO 面前总是刻意回避什么，不愿意去调查。事实上，从前面两节我们就可以知道，人类组织都在为了探索外太空做着不懈的努力。

　　很多国家都有相应的研究机构，只是很多内容在没有调查出结果之前不便于对民众公布罢了。当然，很多研究机构都非常神秘，自然也有很多不为人知的机密档案。

　　20 世纪 60 年代中期，苏联领空总有 UFO 造访，这引起了很多民众的恐慌，科学家们也不得不加以关注。1968 年，苏联空间技术探索委员会的 13 名工程师和设计师提出建立专门研究 UFO 的组织。当时苏联部长会议主席柯西金听了这个建议后，回信给这些人，信中这样写道："苏联科学研究院和国防部、气象部门都在考虑进一步研究不明飞行物，这些部门已经得到了研究任何与 UFO 有关事件的授权。苏联科学研究院主要负责这些项目的研究，以确认其意图，因此没有必要成立专门研究 UFO 的机构。"

　　虽然苏联空间技术探索委员会的请求被驳回，但他们仍旧非常激动，因为那是苏联当局首次在正式文件当中承认 UFO 的存在！这令人感到无比惊诧，而提出建议的设计师和工程师们也都因这份文件的签署而感到振奋。

通过这件事，至少可以确定苏联当局并非一直刻意忽视不明飞行物的存在，而是一直在密切地关注着领空那些不速之客的动向。不过当时人们多是推测，并没有证据证明一切。

直到 1991 年，人们的猜想才通过一次突发事件得到了印证。那是普通的一天，苏联宇航员普韦尔·波波维奇正搭乘从华盛顿飞往莫斯科的班机，在飞机上，他偶然看到了一个时速有 1000 千米的发光三角形飞行物，这个不明飞行物在接近飞机之前就消失得无影无踪了。但是普韦尔无法当作什么都没有看到，于是回到莫斯科之后，他马上向政府报告了这件事。令他没有想到的是，报告之后他竟然收到了一份 124 页的绝密档案，而这份档案全是描述 UFO 事件的！

这份档案被称作"克格勃蓝色档案"，显然它的机密性已经和苏联最神秘的间谍机构一样了。这份档案由苏联国家安全委员会拟定，其中全部是苏联境内 UFO 活动的正式报告。整份报告历经 20 年的研究和撰写，囊括了当时很多苏联军方试图接近 UFO、逮捕外星人的资料。

既然这是一份绝密档案，又怎么会泄露出来呢？后来的事情我们都知道了，苏联解体，这些资料自然也就分散到了不同的地方。有一部分资料解禁公开，也有一些丢失了，而克格勃蓝色档案显然被各界所知，虽然当时没有公开，但是各界都有传闻。2005 年 12 月，俄罗斯《真理报》报道，俄罗斯的情报机构已经解密了苏联国家安全委员会的克格勃蓝色档案，其中确实记载了 UFO 的存在，并且官方已经承认了。

克格勃蓝色档案的解密让人们了解到苏联的情报机构早就对部分 UFO 事件进行过深入的调查了。

在档案当中有几起事件比较具有代表性。第一件是 1980 年 2 月的 UFO 目击事件，当时苏联女宇航员波波维奇在俄罗斯领空执行机密任务的时候，突然看到 3 个火球状的不明飞行物，这 3 个不明飞行物发出耀眼的光，并排列成三角形列队飞过。第二件发生在 1987 年 8 月，这次不是偶然，而是 5 名军官接到追踪 UFO 的任务。在档案记录当中，这个 UFO 出现在卡累利阿北部维堡附近，长为 14 米，宽为 4 米，高为 2.5 米，可以说是一个庞然大物。还有一起深入调查的事件发生在 1989 年 7 月，这次不是一架 UFO，而是大批 UFO 飞到了阿斯特拉罕地区卡普斯京亚尔附近的军事基地，规模看上去就像一次军事进攻。因为是军事基地，所以监察措施比较完善，当时正在值班的瓦莱里·弗洛新下士发现之后马上向上级报告了这起事件。

档案中记录的这种 UFO 近距离接触事件非常多，但也仅止于此，科学家们并没能基于此而破解出 UFO 和外星人频繁光顾苏联的目的。但不管怎么说，这份档案还是非常宝贵的，可以说它是当时最详尽的 UFO "百科全书" 了。我们都知道，苏联在世界上威震四方的时候，唯有美国能够与之匹敌，但是在 UFO 资料的搜集方面，美国或者说其他任何一个国家在那个时期都没能与苏联比肩。

也正是因为这个原因，克格勃蓝色档案才在 UFO 研究当中拥有不可估量的价值。虽然这些资料我们暂且没有机会看到，但是现今俄罗斯科学研究院的主席兼克格勃蓝色档案的保管人弗拉基米尔还是在言语当中透露出一些我们所不知道的外星人信息。

根据弗拉基米尔所说，当时苏联虽然频频遭遇 UFO，而且报告和证据都显示这些 UFO 是由某种智能生命操纵，但从结果来看，还没有一起 UFO 袭击事件，由此基本可以断定，虽然不知道当时这些智能生命造访地球和苏联的目的，但至少可以肯定它们对人类并没有敌意。

当然，这也仅仅是推断罢了，因为证据或许还不充足，又或者档案当中有太多不能透露的信息，所以现在的我们恐怕也只能对这份机密档案进行幻想了。不过未来还很长，谁知道哪天外星人之谜解开后，这份档案不会被写进"认识外星生命"的教科书呢？

蓝皮书计划：美军向 UFO 研究进发

我们都知道，在第二次世界大战结束之后，世界分成了两大阵营：一个以苏联为核心，而另一个则以美国为中心，两个阵营在一段时间之内都彼此较劲。对于 UFO，苏美两国自然也都有相应的研究。苏联有克格勃蓝色档案，作为其对手的美国又怎么可能没有一份关于 UFO 的机密档案呢？

可以说强者之间总是对立却也总有些相似，苏联有蓝色档案，美国就有"蓝皮书计划"。"蓝皮书计划"是美国空军为调查 UFO 而专门制订的计划，而且比苏联的行动还要早一些。在 1952 年的时候整个计划就展开了，直到 1969 年 12 月终止，整整进行了 18 年。

是什么促使这个计划形成的呢？很显然，是 UFO 目击事件。1947年，美国商人阿诺德有了一次 UFO 目击经历，这拉开了人类探索 UFO 的序幕。不过当时美国并没有特别重视，只是当作一般的"意外事件"

来看待，采取的措施也不过是在俄亥俄州的莱特帕特森空军基地建立了一个组织，进行此类现象的调查。这个调查组织算是一个比较机密的机构，并不是所有人都有资格查阅资料，需要一些权限才可以。不过对于之后的专项调查而言，这个计划并不是那么受重视。

直到美军的 P-51 侦察机与 UFO 相遇坠毁之后，美国国防部才将 UFO 调查重视起来，并制订了"迹象计划"，也就是"蓝皮书计划"，不过"蓝皮书计划"是 1952 年才更名的，我们可以将"迹象计划"看作其前身。

那么"蓝皮书计划"的主要职权范围是什么呢？与苏联的克格勃蓝色档案不同，"蓝皮书计划"调查评估的 UFO 报告不仅限于美国境内，还包括其他各国基地呈报的 UFO 事件。一开始，这个计划属于航空技术情报中心，后来又转交到外国技术局当中。

那么，这个计划中是否有一些我们熟知的调查事件呢？最著名的应该就是 1964 年 4 月 24 日发生的震惊全美的索科洛事件了。事件发生之后，美国空军马上将此列入计划当中，并邀请天文学家对此进行调查。

不过可惜的是，这起事件并没有什么令人振奋的结果，不过事件的发生与调查却成了公众对 UFO 产生浓厚兴趣的起点。而美国空军也由此开始迅速发展相关的调研机构，并在全国范围内建立起一流的调研小组，其中不仅有技术人员，还有很多科学家。这些调研小组设立在美国宇航局科学考察站、通用电气公司实验室和一些大学当中。

首次引起 UFO 热潮的索科洛事件发生两年后，UFO 热潮再一次被掀起，而且整整持续了两年时间。在这两年当中，公众对 UFO 的热情更是空前高涨。当然，民众的兴趣并不足以引导政府的调查脚步，空军总部并没有因民众高涨的热情而做出更加积极的响应。即便民众纷纷希望相关部门能够对 UFO 现象给出合理而科学的解释，但空军总部并没有给出明确的答复，只是含糊其词地表示还未有合理的解释。

或许是因为处理不当，很多批评者认为"蓝皮书计划"当中没有资历足以匹配这个计划的科技人员。而这个计划的目的也不在于探索 UFO 背后的奥秘，只不过是政府掩饰真相以安民心的幌子罢了。

当然，这仅仅是一部分人的主观看法。实际上，政府并非没有加以重视，当时的美国总统约翰逊自然听到了民众的声音。可能是出于总统的关注，美国空军无法对公众置之不理，于是出资 50 万美元同科罗拉多大学签订了协议，委托当时著名的物理学家、美国科学促进协会前会长爱德华·康顿博士领导科罗拉多大学的一组科学家对 UFO 进行深入的调查研究。

从这个时候开始，"蓝皮书计划"开始向着"科罗拉多计划"演变。其实一开始，"科罗拉多计划"是独立进行的，那时"蓝皮书计划"调研组织为其提供全面而细致的 UFO 案例以及相关资料，还提供建议帮助。不过这种和谐相处的景象没能维持太久，在之后的几年当中，康顿博士开始在研究报告当中公然嘲讽、诋毁 UFO，这让调研组织的成员大为光火，于是他们收回了所有的帮助和支持，一个整体就这样开始走向分裂。

失去支持后，"科罗拉多计划"很难继续维持，一些科学家们也开始离开。为了履行当初和美国空军签署的协议，康顿博士在 1969 年发表了《康顿报告》。

1500 页的报告当中记录了很多无法解释的 UFO 案例，囊括了科学家们历经 18 年的调查得出的 1.2 万多份 UFO 报告。可喜的是其中大部分都有较为圆满的解释，不过也无非两种答案，那就是自然现象或者是已知的飞行器。但也有 701 宗案件是无法进行解释的，这也就是说，真正的 UFO 案例只有目击总数的 6%。

在报告当中，康顿博士说了一些自己的看法，他觉得 21 年的 UFO 研究毫无意义，没有必要为此继续浪费时间。他甚至表示在未来的万年当中，地球都不会有太阳系之外的智慧生物光顾。

当然，这仅仅是康顿博士自己的主观看法，因此他的报告发表之后引起了科学界的非议。很多科学家都认为报告中提到的那 701 宗案例说不定就是解开宇宙奥秘的钥匙。研究 UFO 不管花费多少时间都是非常划算的，如果解开了 UFO 之谜，那么之前的时间投入简直不值得一提！

在《康顿报告》发表后不久，美国国家航空航天局（NASA）也开始成立自己的 UFO 调查小组，他们支持大部分科学家的观点，那就是否定《康顿报告》，UFO 事件之下或许掩藏着真正的科学奥秘。美国空军不得不屈从于舆论压力，但他们也仅仅同意 UFO 目前并没有威胁到美国安全这一点，官方发言人还特别强调，虽然 UFO 之谜仍未解开，但现在并没有足够的证据证明 701 宗案件当中的不明飞行物来自外太空。由此开始，"蓝皮书计划"瓦解。随后，美国空军将原计划中的所有数据和档案按机密等级进行分类，然后送到美国国家档案管理局进行保存，不过也有一些机密性较低的案件被陆续公开。

不过，我们可以相信，在那些没有公开的机密文件当中，也许就藏有真正的科学奥秘。虽然"蓝皮书计划"最终以失败告终，但这并不意味着人们将放弃对宇宙和 UFO 的探索，只要 UFO 之谜一天没有解开，人类探索的脚步就不会停歇。

国际斯塔科特计划：UFO 民间调查机构

说起 PSY，想必大家一定不会陌生吧，他可是当今最流行的歌手之一。但有一个和他名字相近的组织，也许你就有些迷茫了，那就是 P.S.J.，或许对 UFO 非常关注的人会有所了解，它是一个 UFO 调查机构，接下来让我们一起来了解一下这个了不起的机构吧。

说到 UFO 调查机构，很多人可能想到的都是政府机构，确实，有政府支持的机构比较可靠，但实际上，在民间还有很多 UFO 发烧友自组成派。P.S.J. 就是其中之一，全称是"国际斯塔科特计划"，它很可能是世界上最大的一个 UFO 民间调查机构。

这个机构与很多终止的政府调查机构不同，它持续存在着。这个机构是雷·斯坦福在 1968 年创立的。当时加里·郭德森博士主持了一次天文科学讨论会，其间他对斯坦福说道："现今想要尽快搞明白 UFO，就必须拥有很多第一手资料，而且这些资料一定要是高品质的。想要达成这个目标，就需要一个研究和观测的机构，这样才能通过仪器和计算机记录、储存一切有关 UFO 的信息。"

斯坦福听后，就决心创立组织，当然在他创建的过程当中加里·郭德森博士也贡献了很大的力量。组织创建之初，成员只有几名科学家，他们当时的主要任务是进行观测，也许他们也没有想过，经过几十年的发展，这个组织会有如此大的规模。现今这个组织已经在得克萨斯州奥斯汀西北郊区约 30 千米的地方建立了观测基地，整个基地由两栋楼房组成，周围山顶还设置了很多先进的观测仪器。

"国际斯塔科特计划"从创建到如今，已经投入了几十万美元。这样大的投资不得不说是一种决断，因为对于一个民间机构而言，不以营利为目的，单纯地做研究，维持生存已经非常不容易了，为了不一定有结果，甚至不一定有人支持的 UFO 调查付出如此大的代价，实在让人无法理解。但是斯坦福对此看得很淡，他认为这些投入都是非常值得的，因为与未来可能得到的结果相比，与未来科技的走向相比，这些钱花得实在是很值得，人类的进步显然不是金钱可以衡量的。

斯坦福相信，虽然 UFO 的出现总是不在人们预料之内，但只要出现一次，他们就有可能得到宝贵的研究资料，说不定在科学界就是一个质的飞跃。为了研究，付出金钱和时间成本都是非常值得的。等待是必须经历的过程，即便希望渺茫，即便在人们眼中这些钱都"打了水漂"，但当某一天 UFO 真相被解开，这些付出都显得微不足道了。

有梦想支持，有目标去努力，那么其余的事都是小事了。不得不说，这样的魄力实在没有几个人能够拥有。其实，斯坦福只是"国际斯塔科特计划"当中的一员而已，在这个组织的观测基地，有一大批人和斯坦福一样带着梦想和对科学的执着坚守着。几十名观测员数十年如一日地耐心守候着 UFO 的现身。1985 年，科学家们设计出了一套先进的系统，当山顶有 UFO 出现的时候，这套系统就会自动拍摄、记录，同时给观测人员发出警报，以便人们在第一时间做出反应，收集资料。

当然，这样先进的系统也只是这个组织先进设备当中的冰山一角，实验室里还有很多其他的先进仪器，比如自动磁力仪就有 3 台，还有重力仪、微型气压计、激光通信仪、静电计等，丝毫不输政府专门机构。通过这些高科技仪器，研究人员能够第一时间处理山顶观测点发回的UFO资料，而且多亏了观测点的电子钟，在事件发生时可以保证时间准确而统一。至于激光通信仪就更加重要了，也许一个巧合的时间点，UFO里的外星人愿意现身，那么在UFO出现的同时基地就能与之建立联系。这台通信仪非常巧妙地运用了激光而避开了无线电波，也保证在UFO出现的时候不会因电波干扰而错过联络时机。

除了在通信设备上格外用心之外，这个组织在摄影器材方面也投入了不少，有一台super 8报警录像机，4台35毫米摄影机中有3台是同步录影的，而且其中一台还装有专门研究UFO光谱的系统，其余两台装有焦距2110毫米和1250毫米的射电望远镜。

当然，这个观测基地当中也有实验室，里面有一套为了和UFO取得联系的实验装置。不过最重要的还是基地的检测系统，装备的雷西翁1700型检测仪的监视范围足足有20千米，而且这个监测仪能够360度旋转，可以说是真正的无死角监视。

如果UFO出现在监测仪的监视范围内，雷达会第一时间进行定位，然后测出实际距离以及UFO在空中各个方位的数据。这些数据会通过系统导入基地的电脑当中，计算机就会根据数据调整周围观测站的视频范围，甚至可以预报1200平方千米内UFO的飞行路线以及可能的着陆点。接下来发出的警报就会通知不同范围区域内的观测员，这样在不同的地方也能对UFO进行观测。

虽然至今为止UFO之谜仍未解开，但只要"国际斯塔科特计划"不终止，人们继续努力探索，也许未来的某一天这个组织就会解开宇宙

UFO 之谜。所以我们也要多一些耐心，在等待当中前行，毕竟有些奇迹是需要时间积累的，不是吗？

51 禁区：令人好奇的神秘基地

我们知道宇宙的广博，但我们也应该知道，虽然地球在宇宙当中是渺小的，但地球上同样有很多神秘莫测的地方是不为我们所知的，更不为我们平常人所知。

你是不是对这样的地方也感到好奇呢？实际上，在美国内华达州的拉斯维加斯西北 120 千米的地方就有这样一块神秘的区域。之所以说它不为人知，并不是说它会"隐身"，而是因为它是一个禁区。

这块禁区面积在 20700 平方千米左右，是片荒原，在这块地带的中心有一个叫作"新郎湖"的干涸湖床。本来一片荒原没有什么可好奇的，但 1944 年美国军方开始在这里进行一些秘密实验。1950 年，美国建立内华达州的核武器实验基地，这块荒地就囊括在内。这片荒地在军事地图上被标为"第 51 区"，之后因为这里总有一些让人无法理解的事情发生，因此人们便习惯性将这里称作"51 禁区"。

51 禁区可以说是美国最隐秘的研究基地之一，里面有巨大的跑道，边上还建有很多飞机库，更加让人难以理解的是其中的几个外形极为巨大，而且顶部还涂了白色油漆。禁区的上空还有交通管制的天线，天线的底座长为 120 米，高为 45 米，在天气晴朗的时候，十几千米外都能看到这座惹眼的建筑。

为什么美国军方要在这片荒地建立基地呢？很多人都认为这是为了掩人耳目，进行一些神秘活动。的确，美国空军在这里进行的所有活动都和绝密的飞行技术有关，而且这个区域一直都采取着非常严密的安保措施，丝毫不输给国家安全局。51 禁区周围没有围墙也没有铁丝网，甚至没有任何跟踪监视仪器，那它是怎样保持神秘的呢？随便一个人不都可以靠近吗？如果你真的这么以为那就大错特错了！

虽然没有围墙等设施，但是这个禁区有警卫人员 24 小时巡逻，他们还配备着高科技设备，这样自然会给想要一探究竟的人一些警示。不要说侵入这个区域了，就连靠近都非常困难，他们不允许任何人在这里拍照、录像，如果你不服从，别以为他们会尊重你，为了保护禁区的安全，他们是被准许使用武力的！

除了陆地上无法靠近之外，基地的上空也无法侵入，禁区上空是空中禁区，有 42 千米 ×40 千米的禁飞区域。如果有飞机胆敢无视警告，飞入禁区，那么会被马上击落！从这些方面看，51 禁区就像一个密封的盒子一般，除了禁区里的人，外面是无从知晓里面的样子的。

完善的安保措施使得这个禁区更加神秘，人们无法靠近，但关于禁区的报道却非常多，而且传播也很迅速。

1989 年，一个叫博勃·拉扎尔的人在拉斯维加斯电视台接受采访，声称自己曾是 51 禁区当中的一员，并且亲身参与了外星人及 UFO 研究项目。他甚至表示自己亲眼见过一个碟状的 UFO 从附近一个被高度保密的"S-4"地区起飞。他的这番言论很快就掀起了轩然大波。因为 51 禁区本来就非常神秘，而且之前就有人怀疑这个地区和 UFO 研究有什么关联，所以在听到博勃·拉扎尔的发言之后，很多 UFO 迷打算冒着生命危险潜入这个禁区。

还别说，真有一个探险者在 1994 年的时候进入这个地区，当然没人知道他是怎样躲过严密的监控而潜入的。这个探险者表示，他在禁区的 18 号白色大机库里发现了一具外星人遗体以及很多外星人飞行器，军方就在这里对外星人和 UFO 进行研究。而一些躲过军方偷拍到禁区照片的人也在照片上找到了奇怪的路标，上面似乎有"外星人"这几个字，而且还有外星人的头像。

当然，那个时候禁区虽然禁止进入，但军方并没有隐瞒其存在的事实，一位空军发言人曾公开承认在"新郎湖"干涸的河床附近确实有美国空军的军事设施。而当提及探险者所说的一切时，这名发言人也没有避开话题，但他并没有承认外星人的存在，只是说军方在进行军用飞机的实验。

随后，公布这个区域内照片的影像公司总裁也表示这确实是美国绝密空军基地的真面目，但在照片中并没有任何与外星人有关的影像。

难道看到的一切都是探险的 UFO 迷们的幻想？或者说是他们为了证明 UFO 存在而胡乱编造的谎言？有些人并不相信，因为有一家日本电视拍摄小组曾在 51 禁区附近的空中拍摄到了奇异的发光现象！人们可以在画面中看到几根如蛇一样在空中自由摆动的光柱，而且光芒非常耀眼，视频也非常清晰，根本不是模糊拍摄，所以可信度更高。视频当中的光柱就像有生命一般，偶尔停歇，偶尔摆动，简直就像传闻中 UFO 的飞行轨迹！至于它到底是什么，直到现在都没有人知道，而美国军方也没有出面解释。

　　你觉得答案会是什么呢？我们或许无法回答，至少在相关人士出面解释之前我们都无法确认。不管美国空军是否隐瞒了真相，我们都有理由相信，人类在为未来做着不懈的探索！

阿波罗计划：人类征服太空的开始

　　大家知道人类征服太空是从什么时候开始的吗？确切来说，我们都认为人类第一次踏足其他星球才算是真正开始了对太空的探索，而这显然是从"阿波罗计划"开始的。

　　我们都知道，阿波罗是希腊神话当中的光明之神，很多人都将其视为太阳，但"阿波罗计划"可不是到太阳上去探索，而是到月亮上去。"阿波罗计划"的全称是"阿波罗载人登月工程"，听起来没有什么特别，但为了完成这个计划，科学家们却整整花费了 11 年的时间，而且投入了 225 亿美元的庞大资金！这样一个宏伟的计划实现了人们涉足太空的梦想，可以说是人类文明的新里程碑。

　　这个计划于 1961 年 5 月开始施行，但是首次发射飞船却在 1967 年。所以说，想要完成梦想并非一朝一夕的事情，就算真的有了计划并勇敢地迈出了第一步，接下来还是需要漫长的时间才能达成目标。科学家们就是这样做的。

　　虽然历时六年发射了第一艘飞船"阿波罗 1 号"，但结果并不那么乐观，甚至有些凄惨，因为在这次发射当中 3 名宇航员付出了自己的宝贵生命。当时，这艘飞船定于 1967 年 2 月 21 日在佛罗里达州的肯尼迪航天中心发射，但是在发射前几天，科研人员们按照流程进行模拟发射的时候出现了问题。

1 月 27 日是模拟发射的日子，被选中参加登月的维吉尔·格里森、爱德华·怀特以及罗杰·查菲也已经整装待发，他们在 13 时进入了驾驶舱。为了模拟正常的发射情况，一切都需要按照真实发射来准备，于是 3 名宇航员被固定在了座椅上，并连接到了舱内系统。刚做好这些，维吉尔就闻到太空服中有酸味，于是只能停下来，延迟模拟发射。到了 14 时 45 分的时候，技术人员对太空舱的舱盖进行正式的密封，这个时候太空舱中的空气会渐渐消失，转而被纯氧取代。但令人没有想到的是这个过程也出现了问题，高氧气流量警报响起，更加糟糕的是舱内成员和控制室、操作中心以及发射管制台的通信出现了问题，所以太空舱内的情况一时间难以掌握。

就这样，一直到了 18 时 31 分，罗杰同外部取得了联系，然而带来的却是噩耗——驾驶舱内出现了火灾警报！还没等外部的技术人员做出反应，通话器中就传出了宇航员的惨叫声，几秒之后舱内的火势失去控制。短短的 17 秒过后，3 名本可能登月的宇航员全部遇难。

没人能够想到这样一个伟大计划的开始会如此悲惨，也因为这件事，"阿波罗计划"被叫停了，直到 1967 年末才重新启动。不过之后发射的"阿波罗 4 号"并没有载人任务，并首次使用了土星 5 号运载火箭发射。在次年的 1 月和 4 月，美国又相继发射了"阿波罗 5 号"和"阿波罗 6 号"。

不过后续发出的几艘飞船都没有载人任务，直到 1968 年的 10 月

11 日人们才再次尝试载人任务。此次载人飞船"阿波罗 7 号"中同样有 3 名宇航员，他们分别是瓦尔特·施艾拉、唐·埃斯利以及瓦尔特·康尼翰，并且这次载人飞行任务圆满完成了！

你是不是感到奇怪，为什么这次成功了呢？人类首次登月成功的宇航员不是阿姆斯特朗吗？没错，首个登月的宇航员是阿姆斯特朗，但他并非人类首次靠近月球的代表。"阿波罗 7 号"的任务也并没有登月这一项，飞船只是绕地球飞行了 163 圈，可以说它是载人飞船的一次试水行动。虽然它并没有登陆月球，但这是人类靠近月球的开始。"阿波罗 7 号"发射成功两个月后，"阿波罗 8 号"从绕地区轨道进入了绕月球轨道，完成了绕月飞行；1969 年 3 月 3 日，"阿波罗 9 号"继续在绕地球轨道上飞行了很长时间，并对登月舱进行了进一步检验；同年 5 月 18 日，"阿波罗 10 号"发射成功，并使登月舱下降到了离月球表面 15 千米的范围之内。

1969 年 7 月 20 日，"阿波罗 11 号"终于载着人类的希望——阿姆斯特朗、柯林斯和奥尔德林在月球表面登陆了，这也是人类首次踏足地球之外的其他星球。因此阿姆斯特朗才会说："我个人的一小步，是人类的一大步。"这也是"阿波罗计划"的巅峰时刻。不管之前经历了多少失败和挫折，不管经历了多么漫长的时间，最终结果还是证明了人类的梦想能够实现。

这个计划也给我们对宇宙的探索带来了希望和无限可能。在"阿波罗 11 号"登月成功之后的两个月时间里，"阿波罗计划"又先后进行了 6 次载人飞行，以"阿波罗"为标志的飞船也发射到了 17 号。当然，其间也不是完全一帆风顺的，在发射"阿波罗 13 号"的时候发生了氧气瓶爆炸事故，好在有惊无险，最终飞船还是安全着陆。

发射完"阿波罗17号"之后，"阿波罗计划"就算告终了，不过通过这个计划运送到月球上的仪器仍旧在为地球工作，而且我们也拥有了很多月球表面的土壤、岩石标本等。

你是不是又在好奇，人类为什么会想要登陆月球呢？是否和UFO以及外星人有什么关系？虽然不能确定，但至少人类探索宇宙可能有一部分原因是对外星文明存在着好奇心理。

早在1671年，科学家卡西尼就在月球上发现了一片云，百年之后，现代天文学之父威廉·赫赛尔又发现月球表面似乎有火山运动，而在科学界的记录里，月球已经30多亿年没有过火山爆发事件了。而这些不解之谜随着时间的流逝并没有被解开，反而继续增多。

1843年，天文学家约翰曾经发现月球表面10千米宽的利尼坑在逐渐变成一个小点，这种变化的原因也让他感到奇怪。1882年，科学家们又在月球表面发现了一些移动的不明物体；1945年，科学家们在月球表面发现了3个亮光点……

这些都似乎在告诉人们：赶紧到月球上来，这里有你们想要知道的真相！于是，人们便不断加强对月球的探索行动。之后的"阿波罗计划"自然也会让我们联想到这些原因。

而且根据传言，阿姆斯特朗在登陆月球的时候和休斯敦指挥中心联络过，话语间透露出他看到了很多大得惊人的飞行器，就在离他不远的位置，很显然，那不是地球派出的宇宙飞船，但是此时信号突然中断了，所以没能进行更加细致深入的对话。

另外，在1973年的时候，NASA公开了登月任务的一些结果，在一份秘密声明当中，NASA 表示有 25 名参与"阿波罗计划"的宇航员都在月球上看到了 UFO！而负责之前登月计划的韦赫·冯布朗也表示在"阿波罗计划"实施的过程中，登月任务一直遭受着某种神秘力量的监控。而到了 1979 年，NASA 前通信主任莫里斯·查特更是说在月球上遭遇 UFO 是再平常不过的事情。

当然，我们可以认为这是登月的"意外收获"。但是在登陆月球之前，人们对月球一点了解都没有吗？对其他的星球就没有更多的好奇吗？为什么首选月球呢？答案或许多种多样，但也有人相信，人们之所以选择月球作为首次登陆的外星球，就是因为相信月球和外星文明存在着某种联系。

实际上，科学家们对月球的存在一直存有某种怀疑，所以才会前去探索。苏联科学家亚历山大·柴巴可夫和米凯·瓦辛曾提出过"月球空心说"，在他们看来，月球和地球存在的本身就大不相同，它绝非宇宙自然形成的，而是经过某种智慧生物改造过的空心物体。显然，这种智慧生物并非地球人——我们的登月行动是从 20 世纪 60 年代末才开始的！

而 NASA 有份档案确实佐证了这个观点。1970 年 4 月，"阿波罗 13 号"飞船氧气瓶发生爆炸，一截重量达 15 吨的火箭金属部分掉到了月球表面。通常来讲，这种情况下震动余波大概只有一分钟，但是月球上地震仪的记录却显示地震余波有 3 个小时！当然，在没有搞明白这个问题之前，对月球的怀疑也只是一种推测。

很多科学家都认为月球的另一面有很多外星生物基地，就在不久前，日本天文学家还在月球表面拍摄到了好几个看不清的黑色物体，这些似乎都在证明登月的不仅仅是我们人类。人类登月成功之后，按理说应该乘势继续探索，但是此后 30 年的时间里美国和苏联都没有再次涉足月球，这也不得不让人怀疑是否月球上存在着某种让人们感到恐惧的外星生物。

当然，在没有进一步证据表明猜测即是事实的情况下，我们也只能猜测，也许只有到解开月球不解之谜的那一天，我们才能搞清楚月球和外星文明是否有所联系。不管怎么说，"阿波罗计划"都开启了我们探索太空的大门，不是吗？

[科学家对地球人的忠告]

外星人究竟是否真的存在？如果真的有外星文明的话，

那未来人类的走向会是什么样的呢？我们人类应该继续如今的探索还是该放弃？

我们的文明就是最先进的吗？还是说我们尚在启蒙阶段？

也许，了解了外星生命，我们就能解开谜题。

但是，对于外星人和UFO，人们总是莫衷一是，

每个科学家也都有自己不同的见解。

恩里科·费米：他们在哪里

你是一个相信权威的人吗？对于大部分人而言，权威认证是非常重要的环节，比起那些没有任何专业基础的普通人 UFO 目击事件，专家进行研究后的结果往往可信度更高，因为科学家是最严谨的，他们会排除一切干扰因素，找到问题的根源。

这样一来，科学家对 UFO 和外星文明存在的态度就会直接影响到全人类。当然，在科学家团队内并非没有分歧，有些科学家认为 UFO 不存在，而有些科学家坚信地外文明一定存在，物理学家恩里科·费米就是后者。

1950 年，恩里科·费米在洛斯阿拉莫斯国家实验室工作。日常生活中他总会和同事一起去吃饭，吃饭的时候往往会聊一些话题。有一天，他们恰巧聊到了外星生物。为什么物理学家会对这个问题感兴趣呢？因为当时距离罗斯威尔事件发生才过去 3 年。

恩里科·费米自然是挑起这个话题的人。因为罗斯威尔事件的热度，当时人们喜欢各种 UFO 的话题和传说，据说当时很多人都喜欢把一些事情归结到 UFO 当中去。那个时候比较受欢迎的漫画家也是这样，直接把一些莫名其妙的传言用 UFO 和外星人来解释——这不需要什么逻辑和道理，因为 UFO 的出现本身就是没有道理的。

当然，恩里科·费米这样的科学家们聊天不会聊这些小道消息，他们更喜欢从科学的角度去分析。当时他们讨论如果某个物体能够超光速运行，那么它有多大概率会被人类看到。一起吃饭的物理学家爱德华认为概率应该只有百万分之一，但恩里科觉得概率应该比这大得多，有 1/10。当这个话题结束后，恩里科又突然问道："你们觉得外星人在哪里呢？"

之所以这样问，是因为恩里科觉得既然人们能够观测到超光速运行，那么外星人通过超光速在宇宙空间移动也不是什么荒谬的事情，紧接着，他就想到，也许外星人已经降临地球了也说不定。

话题结束了，但恩里科的研究没有结束，他的同事回忆说，当时恩里科用一些估计出来的数值进行了计算——不用怀疑其准确性，因为恩里科非常擅长计算。此前首颗原子弹爆炸试验成功的时候，位于现场附近的恩里科向空中撒了一堆碎纸，然后这些碎纸因为爆炸的气浪被冲飞了，当时他根据纸片飞出的距离估算出了核爆炸产生的"当量"是 2 万吨 TNT 炸药。后经过周密的计算，这个数值被证明是非常准确的。

所以对于恩里科的权威，我们是可以相信的。恩里科在对数值进行计算之后，得出了这样一个结论：外星人在很久很久以前就来过地球，而且不止一次。

这个说法被称作"费米悖论"，对于 UFO 和地外文明研究有着深远的意义，可以说只要是研究 UFO 和外星文明的人都知道这个结论。

那么恩里科是怎么得出这个结论的呢？他通过计算，知道宇宙内可观测到的恒星有 700 垓（7×10^{22}）颗，单单银河系当中就有约 2500 亿（2.5×10^{11}）颗。这样看来，如果地球是浩瀚宇宙当中的一个由人类创造了文明的星球，那么地外文明肯定也是广泛存在的，这也就是说地球绝不会是唯一一个孕育着文明的星球。所以在他看来，外星人必然存在，而且和地球有过交集。

可惜的是这个理论并非没有漏洞，甚至有自相矛盾的地方。那就是既然外星人存在的概率这样大，为什么人们没有足够的证据证明遇到过外星飞船或是与其有过进一步的接触，甚至连电磁波信号都未曾收到过。

正因如此，恩里科的理论成了一个悖论。恩里科自己也表示从宇宙的尺度和年龄来看，外星文明一定是存在的，可是这个假设却缺乏充分的证据予以支持。当然，恩里科的理论虽然是个悖论，但并非没有人支持，美国天文学家法兰克·德雷克就在 1960 年通过德雷克方程式计算出来银河系中拥有高度发达文明的天体达 2484 颗。

在大部分人看来，想要证明恩里科的理论不是悖论，唯一的方法就是找到证据——而唯一直观可信的证据就是真正找到外星文明并与其建立联系。不过也有人认为即便外星拥有文明，也不代表对方拥有高于人类或者和人类不相上下的高智能。也许对方还未发展到人类文明的这种高度，想要收到他们的信号几乎是不可能的。

不过从另一个方面来说，近半个世纪以来，与 UFO 相关的事件貌似证明了恩里科的理论是没有问题的，而且正是因为恩里科理论的存在，人们才有足够的理论基础去探索那些隐藏在事件背后的真相。

可以说，一直以来的 UFO 目击事件和与外星人近距离接触事件频频发生，而恩里科的理论又没有问题，只是有些想要隐瞒事实真相的权威对事实进行过处理否认罢了。也许"费米悖论"早就已经得到了证实，只是因为这个突如其来的事实让人们产生了恐慌——想要与之交流，却对其没有基本的认知。

简言之，也就是人们自欺欺人罢了。而恩里科对外星文明的看法显然和吉姆·马尔斯是一样的——外星文明的存在无须辩驳，这就是一个事实！

马蒂斯：地球之外的生物带来智慧文明

仔细观察人类文明的进程，我们会发现这样一个事实，那就是科学是在不断地推翻重建后形成的。所以关于外星文明是否存在这一点，我们主观意识去否定是没有意义的，如果只拿以前的知识来解释未曾见过的现象，那么我们就是故步自封了。

实际上，任何科学都不可能是一点质疑都没有的，而那些了不起的人们总是通过质疑才推动了科技的进步。显然，在"生命"这个概念当中，达尔文对其进行了最好的诠释——是最好的，但不是最完美的，因为他的理论也有漏洞！但即便如此，我们还是应该感激达尔文对人类的贡献。

你对达尔文与物种起源有多少了解呢？要知道，在《物种起源》问世之前，人们一直相信人类是由上帝创造出来的，是造物主创造出了人类，而达尔文却推翻了这一理论。

其实开始也是一个偶然。1851 年，达尔文的女儿安妮去世了，这给达尔文带来了巨大的打击，在女儿去世的重压之下，达尔文的身体垮掉了。他不得不用 4 年时间对自己的健康状况进行调整，但身体虽然逐渐恢复，心里的阴影却没有那么快就散去。或许正是因为这件事，达尔文的信仰开始改变了，他不再在信与不信之间徘徊，而渐渐倾向于怀疑主义。

当时人们相信创造论中所说的一切，即造物主创造了地球上的生命，这也是地球万物的起源，而且这个理论还同基督教义紧密相连。人们相信上帝创造出了最完美的一切，地球上每个生命都有自己的职责和身份，这一点是永远不会改变的。根据创造论，地球的历史不过几千年的时间，至于那些岩层中的动物化石就更好解释了——它们毁灭于一场大洪水。那些活下来的人与动物创造出了如今这个繁华的世界。

达尔文也是这样认为的，但是在 1831 年之后的五年里，他一直与"贝格尔"号一起环球旅行，在南美、非洲以及澳大利亚大陆上，他通过对各种生物进行研究考察发现：创造论并非没有漏洞，这个世界也不是论调中那样完美，也不是永远不会改变的状态。由此，他得出结论——物竞天择，适者生存，生存下来的生物是通过优胜劣汰，在漫长的岁月中逐渐演化成如今的模样的。

不过，当时的达尔文只是有了这种想法，并没有将它公布于众，直到女儿安妮去世后 4 年，他倾向于怀疑主义的时候，才开始着手准备，打算将这个颠覆世界的理论公布于众。让他没有想到的是他并非孤身一人，英国博学家阿弗雷德·华莱士成为他的同盟。事实上，华莱士也曾进行过相关的研究。两个人的研究非常相似，于是在接下来的几年里，两人共同努力，并在 1858 年共同宣读了物种演化的论文。

1859 年，达尔文的《物种起源》在伦敦出版。当然，对于一个敢于挑战世界的人而言，一开始肯定是不顺利的，即便他所说的是事实，也会遭受一部分权威人士的攻击。但最终真理还是战胜了一切，《物种起源》渐渐成为生命科学与人类发展的主流。

之后又过了一个世纪，孟德尔的遗传学在此基础上逐渐发展成为一个庞大的科学体系，之后沃森与克里克发现了 DNA 双螺旋，加上达尔文的《物种起源》，现代演化综论就这样形成了。

由此开始，人们渐渐相信科学，相信自然，可以说人们由此不再从神话角度来认识生命。不过此时人们对自身的了解仍旧不够充分，因为达尔文并没有涉及人类演化的问题。18 世纪，卡尔·林奈首先提出人类与猿类是近亲关系，之后也有其他学者支持这种观点，但大部分人并不认为人类的智力、道德和情感是自然选择的结果。

到了 1871 年，达尔文的进化论终于涉及了人类，他认为人类的道德、智力以及情感和自然的发展进化并不是完全没有关系的，因为进化的过程会影响生物的一切。而且，他出版的《人类起源与性选择》当中也列出了人类是从低级生物进化而来的证据。而后来古人类化石的出土也佐证了这一点，科学家们由此得到了比较完整的人类进化图。

首先是 3000 万年以前古猿出现了，它们是灵长类动物的祖先。经过 2000 万年的发展，其中的一支进化为人类的祖先，而其他支系则进化成今天的猩猩。

但问题也由此产生，虽然科考得到的一些化石证据让达尔文相信人类最早的祖先来自非洲，但通过研究后来不断发掘出的古人类化石，人们发现各地古人类的现代人特征并不明显，显然用早期人类的近亲来形容更加合适，不能说他们就是我们的直系祖先——在我们出现以前这些古猿人就已经灭绝了。

1924 年，南非的一个小城附近出土了一个幼年猿类的头骨化石。经过研究，科学家发现在正常幼年猿类的形态应该在猿人与现代人之间。这似乎证实了达尔文的假设——人类的祖先在非洲。之后，人们又在东非大裂谷一带找到了很多原始的石器，经过几十年的寻找，人们终于找到了人类进化脉络中丢失的那块拼图——鲍氏南猿。于是人们更加相信了达尔文的理论，即现代人起源于非洲。

我们了解了自己的过去，知道了物种的进化史，但是随着人们对自身的了解越来越多，又一个新的问题出现了，而这正是《物种起源》当中所没有提到的——如今的人类文明是怎样形成的？

人类进化是一个极为漫长的过程，但是在这个过程当中人类是怎样一点点进化的我们却找不到证据。而达尔文的进化论显然已经成为不可撼动的理论了，但用在动植物上非常严谨，到了人类进化这一部分却变得漏洞百出。我们知道人是由猿人进化而来的，但是进化的过程我们不得而知，没有化石也没有证据，因此让这一理论变得有点名不正言不顺。

于是，有人针对这个问题提出了"突变"的概念，即人类进化可能并非按部就班，也许某天突然有一个人"开窍"了，于是人类就进入一个新时代。就算这个理论可能是真的，但从科学的严谨角度出发，仍旧需要证据支持。抛开这点不谈，从另一个角度来说，人类进化和自然之间总有些无法调和的矛盾。

按照物竞天择的规律，人类如果想要在自然界更好地活下去，那就必然需要根据环境身体进化得更加强壮、牙齿更为锋利、感觉器官更加灵敏，甚至可以像自然界那些身体中含有毒素的动物一般产生可以杀死对手的毒素。

可是人类却偏偏向着相反的方向发展，论速度，人类比不过动物，也没有锋利的牙齿，各种感官相较动物发展而言也是退化的。而繁衍生息更是如此，一个人类婴儿需要很长时间才能行走，需要多年成长才能独立……

如果按照正常的进化论来说，人类显然是逆行的。而且更加让人无法理解的是，人类的智慧是怎样发展起来的。从古猿到猿人的发展经历了上千万年，从猿人到懂得使用石器的智人发展经历了几百万年，而从那之后，人类的文明突然就快得不可思议了，从石器时代到如今的信息时代竟然在几万年的时间里就完成了，这多少令人有些不可思议。

于是很多人在以演化论为理论的同时，也不得不对其中的一些漏洞和矛盾提出疑问。当人类是如何进化的问题愈演愈烈之时，便有了外星人这一概念。

提出这个假设的是马蒂斯。他在研究圣地亚哥出土的一个人类头骨化石之后，发现这个头盖骨所代表的人种智力要远高于我们现代人，所以他猜测这个头盖骨很有可能是外星人的遗骨。进而推测出在5万年前，从宇宙中的某颗星球来了一批拥有智慧高度发达的生物，它们在地球定居，与古人类混居，渐渐繁衍出了今天的人类。因为它们带来了智能，因此人类社会的发展便非常快了。

不过这也只是一个假设而已，事实是否真的如此，我们不知道。但想想看很多古迹当中的超文明，似乎又有那么一点道理。但还是那句话，再严谨的科学也会有漏洞，在有足够证据支撑其论调之前，我们都要继续探索。

保·威森：地球生命源自外星病毒

关于人类文明和外星人之间的联系，你会想到什么呢？有人认为是先有人类，然后外星人来到地球帮人类发展文明。而有些人则认为在人类产生之前，外星生命就已经存在了，而人类之所以进步如此神速，说不定就是外星生命的功劳，换句话说，人类有可能是外星生命发展而来的结果。

美国科学家保·威森提出了这样的假设：地球上的生命很可能是外星某些病毒的残骸。在这种假设当中，地球和太阳系中其他行星一样，没有独立孕育生命的能力，而地球生命的起源应该是在几十亿年前坠落到地球的外星病毒残骸中存有的生命信息，经过漫长的发展，地球告别了荒芜，成就了如今欣欣向荣的景象。

换句话说，不管人类是怎样进化的，物种是怎样进化的，从生命理论上来说，地球上的生命都是"外星移民"的后代。

虽然这个假设提出来时间不长，但实际上早在19世纪70年代，英国物理学家开尔文就曾提出过类似的论调—— 一些太空的微生物通过彗星或者流星的坠落来到了地球上。在开尔文之后，陆续也有一些科学家觉得微小的有机物是会依附在太空尘埃的颗粒上，而太空中星球辐射产生的压力会起到一个"传送"作用。尽管这种移动需要漫长的时间，但那个时候还没有生命的存在，等待又有什么问题呢？

当时这种理论被称为胚种论。不过并非所有科学家都认同这一观点，有些科学家认为星球辐射产生的压力在能够让它运动的强度上就已经足够杀死这些微生物了，因此这种论调是不成立的，而反对者当中比较具有代表性的是地外文明搜索研究所的太空生物学家洛克·曼西尼。

不过，很多时候一个理论的形成都需要无限次地推敲，这也不例外。当开尔文的观点渐渐被人们遗忘的时候，加拿大赫茨伯格天体物理研究所的天文学家保·威森在此基础上提出了一种新的观点，并且将这种观点写成了论文，发表在了《空间科学评论》上。他认为胚种论并非不无可能，即便在星球辐射当中这些微生物已经死亡，但它们携带的信息还是能够让生命在其残骸中产生的。由此，他将这种新的观点称作"死亡胚种论"。

保·威森认为就算很多有机物在技术上是死亡的状态，但是到了一个适合生存的环境之后，它还是可以死而复生的。这样的说法很奇妙地融合了胚种论以及反对意见，构成了全新的观点。他没有否认星球的辐射会让微生物死亡，但微生物确实也像胚种论所说的那样通过这种方式到达地球，区别在于死亡的微生物会存留部分遗传信息，最终在漫长的时间当中渐渐繁育出生命。

可以说这些携带生命信息的有机体会让信息在地球重新充满活力，而这正是地球物种不断出现、更新和进化的基础，即便是在今天，这样的过程还在继续着。一开始反对胚种论的曼西尼对此仍旧持有保留意见，因为他认为生命信息即便可以在有机体里保留，但时间还是最大的障碍。虽然有机物可以从地球到火星、从地球到冥王星，但超出了太阳系的话问题就会随之出现。虽然曼西尼这样认为，但卡尔·萨根宇宙生命研究中心的戴维·莫里森却对这个观点充满了兴趣。

不过现实是这个理论还是缺乏强有力的证据，可即便如此，还是多了一种研究的方向，多了一种解释生命起源的可能。也许正是这个理论的支持，后来上映的科幻电影当中也在人类的发展进程中将外星文明归入其中。

在电影《2001 太空漫游》当中，有一个明显不是地球之物的方尖碑，当猿猴遇到这个方尖碑之后，就像觉醒了一般开始迅速进化，然后成为如今的人类。虽然方尖碑是虚构的东西，但是它的象征意义不言而喻，那就是外星生命。

因此，有些理论和达尔文的进化论有分歧，这部分理论认为就算地球上的生命不是从其他星球来的，人类文明社会的发展也并不一定是自然的选择。也就是说，人类从某种程度上来讲具有唯一性——在一个合适的时间出现在一个适宜生存的星球上，偶然间产生了变异和进化，最终成为今天的人类。这样的偶然性可能比找到地外生命更加困难。

其实一直以来，科学家们就在各个方面寻找着人类与地外生命的关系。但从另一个角度来说，我们都是从自身出发去寻找真相，这也是一种进化，毕竟我们告别了愚昧的洪荒时代，开启了人类的文明。不管人类起源究竟从哪里开始，我们都不可否认，地球也是浩瀚宇宙当中的一粒尘埃，脱离宇宙无法存在，这就是我们人类同宇宙最直接的联系！

吉姆·马尔斯：接受外星文明的存在

关于 UFO，大家可能认为这是一个神秘的话题，幻想多于实际，就像很多未解之谜一样，最终会回归人类科学，也就是说那些 UFO 目击事件会有科学的解释。毕竟 UFO 和外星文明的存在就已经冲击了我们原本的认知。但肯定也有人坚信 UFO 和外星文明是真实存在的，毕竟在这个世界上有太多我们不了解的知识，我们没有见过不代表它不存在。宇宙浩瀚无垠，连有多少星球我们都无从计算，谁又能知道在其中的宇宙真理呢？

美国畅销书作家、资深记者、UFO 爱好者吉姆·马尔斯显然是后者，他以开放的心态来考虑这些。他认为，在传统的三维物质世界之外可能存在生命，而且认为我们应该接受 UFO 以及外星文明存在这一事实，这是人类的觉醒，越早接受这个事实越好。

当然，这是他个人的一种期待，也是少部分人坚持的观点，有一部分人和吉姆·马尔斯一样，认为外星文明是存在的，而我们现在需要做的就是赶紧证实这个事实，但一定要建立在相信的基础之上。也许对于大部分人而言，外星文明的存在是对自己世界观的一种冲击。

在吉姆·马尔斯看来，这些心理上的变化是在所难免的，毕竟除了 UFO 迷们之外，不会有人天天把生活的重心放在一件短期可能没有结果的事情上。更何况，无论是军方和政府，还是科学家和一些传媒精英，长期以来都一直告诉我们 UFO 是不存在的。于是那些坚信其存在的人往往会成为人类社会中的"异类"，说不定还会被认为是为了博人眼球而四处散播谣言的疯子。至于那些 UFO 目击事件以及外星人近身接触的当事人，很多都被大众看作神经不正常，幻想占据了现实空间。

对此，吉姆·马尔斯表示，我们在 UFO 问题上的信任和尊重所托非人——我们应该相信科学、相信探索，而不是相信权威。

从 20 世纪 40 年代开始，《自由信息法案》产生的诉讼使得很多文件得以曝光，这些证明在政府和军方的高层内部有一个项目就是对 UFO 以及外星文明的存在进行否认与嘲笑。这个项目主要就是告诉那些目击者们："你什么都没有看到，那是你的幻想，你需要的不是证实，而是去看心理医生。"

也就是说，军方和政府高层对 UFO 以及外星文明的存在问题有所避讳，并没有正视这个问题，或者说在背地里进行研究，但是不打算和公众共享信息。吉姆·马尔斯显然是不认同政府和军方高层的这种做法的，他认为不仅是政府需要了解 UFO 以及外星文明，地球上的每个人都有权利知道自己生活在一个怎样的环境中，都应该对外星人的存在与出现有所准备，如果它们真的存在，那么我们就必须正视接受这个事实。

而且近年来政府和军方也开始试着将外星文明的存在这一观念渗透给公众，早些年来他们的否认项目还是非常成功的，虽然亲身经历者并不愿意接受官方给出的答案，但是大众都相信 UFO 以及外星人的目击事件都是闹剧。

不过随着科技的不断发展，人们在目击到 UFO 之后可以随手保存照片或者影像，这样一来军方和政府的信息封锁就不起作用了。当然，主要还在于人们是否相信，愿意相信这个事实的人自然会把这些当作证据，而不愿意相信的人自然能够找到不相信的理由，比如图片可能是计算机合成的或者拍摄到了什么自然现象等。

但吉姆·马尔斯认为，人们不能继续自欺欺人下去，UFO 的存在是毋庸置疑的事实，尽管我们对外星文明的了解还有很多欠缺的地方，但是我们可以肯定，外星文明代表了现实的另一面，而我们必须尽快认识并接受这个事实。

吉姆·马尔斯认为现在最大的障碍不是人们不相信这个问题，因为外星文明的存在已经被确认为事实，现在人们应该探讨的问题是 UFO 以及外星人为什么要到地球来，及我们应该如何应对。马尔斯始终相信，这个问题迟早会被人类解答，因为这是认识人类自己和未来的重要分水岭。

卡尔·萨根：理智地看待地球之外的生命

通常来讲，天文学家对 UFO 的关注要相对高一些，因为他们研究的主要就是宇宙环境。卡尔·爱德华·萨根是美国天文学家、宇宙学家以及天体物理学家，同时也是一个科普作家和科幻作家，更是行星学会的成立者。

他 1934 年出生在纽约市，1960 年获得哲学博士学位，正是在大学期间，他对行星产生了浓厚的兴趣。或许是因为喜欢科幻小说，课余时间他总是喜欢研究其他星球存在生命的概率以及地球生命起源的问题。

他和一些同行组成了小组，他们通过模拟原始地球条件的物质制造出了化合物，然后再完成氨基酸到核酸的过程，并于 1963 年成功地找到了生命组织的主要能库——三磷酸腺苷的形成。这样一来，可以在海洋中设立化学能库，然后通过太阳能初步形成如今的能源。

在卡尔·萨根的研究当中，生命并不局限于地球，他参与了美国的太空探测计划，并且是其中的主要人物。其实，他不是在参与了太空计划之后才有了其他星球存在生命这样想法的，早在 8 岁的时候，他就开始相信除了地球之外，太阳系的其他行星上也存在着生命，而之后他一生都在为证明这一点而努力着，也许他参与太空探测计划也有个人目的在其中。

我们都知道人类在对金星进行探索的过程中吃尽了苦头，而萨根完成了为大家揭开金星神秘面纱过程中的一个重要任务。在人类还没能探测到金星表面的时候，大家都在猜测，金星上是不是与地球一样充满了生命，而萨根虽然希望证明宇宙中除了人类还有其他生命的存在，但首先他是一名科学家，他不会无端进行猜测，对于他而言，事实就是一切，没有证据的理论是站不住脚的。于是，在大家纷纷想象金星上的生命是什么样子的时候，这个比任何人都希望找到外星生命的科学家却用理智控制自己，根据金星自身的辐射特征，计算出了金星表面是一个可以融化高熔点的铅的酷热环境——在这种环境中是不可能有生命存在的。

他就是这样一个理智的人，他希望找到外星生命，但绝不会让这种希望干涉自己的理性思维和科学态度。20 世纪中期，他投身科普事业，并和苏联的天文学家什克洛夫斯基合作出版了《宇宙中的智慧生命》

一书，之后他就一直进行着小时候就在探索的课题——行星天文学的研究，直到去世。

为了让人们更好地认识宇宙，萨根还策划了一档科普节目。虽说他有多重身份，也在不同的领域努力着，但对于他来说，最大的兴趣永远是外星生命。在《宇宙》这档节目当中，他表示如果有一天真的能够找到外星人，那么他将是最开心的人。然而在发现之前，他永远不会以外星人存在为结果去证明，探索永远要比证明更加严谨，这是他的想法。

比较矛盾的是萨根相信宇宙中有地外生命，但是他并不相信 UFO 是外星智慧生物的飞船。因为他是一个怀疑主义者，对于各种超常主张他都会产生怀疑，也因此对证据的要求格外严格。他相信科学是解开一切的钥匙，没有所谓的不解之谜，只是还没有找到答案而已。

曾经有一个叫维里科夫斯基的人出版了一本《碰撞中的世界》，严格来说这本书算是伪科学著作，因为维里科夫斯基将神话和传说写入了真正的历史当中，并且为了圆这个历史而牵强附会地写了很多奇怪的理论，比如他认为从木星飞出的一颗彗星为地球带来的食物之类。虽然对这个言论感兴趣的人不少，但是萨根根本不认同这种为了自圆其说而玷污科学的做法，于是他在 1974 年美国科学促进会组织的辩论会上和维里科夫斯基进行了激烈的辩论。一方面是以科学为论调，而另一方面还停留在传说和神话的阶段，结果不言而喻，维里科夫斯基的言论是站不住脚的。

同样，任何以外星文明和地外生命存在为理由而进行的计划他都是反对的，因为地外生命尚在探索阶段，此时的任何措施都没有意义。于是在美国里根政府提出反弹道导弹计划，也就是"星球大战"计划的时候，萨根第一个站出来反对，认为这个计划根本对地球起不到任何保护作用，只会毁灭地球。

在萨根看来，任何探索行为都是永远建立在科学基础上的，而科学总能够带给人们惊喜。当科学与大自然相遇之时，科学就会让人们感受到自然的伟大之处。对自然的真正理解能够让人们以小观大，感受到宇宙的雄伟和壮观。而随着时间的流逝而积累起来的世界范围内的知识体系使科学超越所有的界限。

而且，他认为科学家需要肩负的责任是从全球和超越时代的角度来看待的，在科学面前，永远需要保持理智。也许，卡尔·萨根是外星文明探索者当中最疯狂却也是最理智的人了。

布鲁斯·赛伦：教育孩子接纳外星人事实

试着想象一下，如果有一天你见到了外星人，你会有怎样的表现？震惊？恐惧？抑或是好奇？其实在事情没有真正发生之前，我们也只能想象，而想象远没有事实来得冲击性更大。但我们产生任何一种情绪，都只是因为 UFO 以及外星人对于我们而言太过陌生，甚至我们从未真正确信它们存在过！

这其实是一个认知的问题，我们所接受的现实已经有了一个固定的形象，当超出认知范围内的事情发生之后，我们的大脑可能会在短时间内"死机"，不知道应该作出什么反应，因为这一切都不在我们所理解的范围内。

但其实人类是一种适应性很强的生物，我们总能够在环境突然发生变化之后凭借着自己的基础认知继续生活，即便生活会变成另外一种样子。举例来说，在第二次世界大战结束之后，德国和日本经历了战后的苦难，但最终人们还是凭借智慧重新开始，换句话来说，生命总会找到一种适合的方式存在。

其实世界每天都在发生着改变，而处于成长期的我们比起接受各种各样的知识，更应该学会应对。实际上，这也是教育当中非常重要的一部分。说起教育，我们想到的就是课本吗？不是的，在我们成长的过程当中，各个方面对我们产生的影响都是一种教育。

那么教育和外星人有什么关系呢？有一个育儿专栏的作家将外星人和教育联系到了一起，他就是《一个父亲的观点》的作者布鲁斯·赛伦。在教育孩子这件事上，他崇尚展现给孩子一个真实的世界，没有必要刻意隐瞒些什么。如果外星人存在真的被官方公布，那么家长就应该要让孩子认识到这一点。

教育是一种展现形式，周围的环境是什么样的，那么我们的认知就会是什么样的。换句话来说，如果我们从出生开始身边就有外星人和UFO，那么我们对这些自然习以为常，不会因为它的出现而大惊小怪。现在或许正是因为我们没有机会和UFO以及外星人接触，所以对它们有一种原始的恐惧——多来自传言和渲染，所以有些心理比较脆弱的人就会在内心否认UFO与外星人的存在，即便这是事实。

所以布鲁斯·赛伦的观点是即便孩子可能会被事实吓到，但只要在孩子可以忍受的范围之内，就要尽可能地说真话。布鲁斯最关注的是孩子们的心理发展，他认为让孩子多认识一些现实对其成长没有什么不利，反而是一种适应力的锻炼。

其实有些家长同样对 UFO 感到恐惧，为了将这种恐惧降低，他们会在心里进行自我暗示，并告诉孩子："一切都不会改变，未来也不会。"其实这多是因为大部分家庭没有 UFO 目击经历，所以才告诉孩子们这些东西不存在。

但如果有一天 UFO 和外星人的存在成为现实，那么那些没有心理准备的人应该怎样接受呢？所以站在教育家的角度，布鲁斯希望所有的家长和孩子都应该有一种接受世界改变的心理准备。而外星人的存在是既定事实，即便我们没有遇到，也不代表它就不存在。

布鲁斯认为教育分两部分：一部分是家庭，另一部分是学校，这都是帮助我们恢复常态的重要场所。不管什么时候，一个大环境总是能够让人们感到平和的，因为人类是群居动物。所以学校和家庭都是让孩子认识到 UFO 与外星人存在事实的重要场所。

当然，这一切都基于布鲁斯本人是相信外星人和 UFO 存在的，他希望公众也能够相信，并在内心有所准备，才不至于到了外星人光临地球那天手足无措。换个角度来说，即便它们现在没有出现，但若我们具备了质疑和探索的能力，那么不论未来发生什么事情，我们都能够第一时间作出反应。

所以，在布鲁斯看来，外星人和 UFO 的存在并非什么坏事，时代毕竟在发展，不是每个人都能有幸见证新时代的。所以可能以教育学家的身份来看，外星人和 UFO 不但不是需要避讳的恐怖事物，反而是帮助人类进步的"教科书"呢！

斯坦·李：用自己的方式刻画外星人

就像我们普通人对 UFO 和外星人有不同的见解一样，科学家们乃至各行各业的名人对 UFO 和外星人都有着自己的看法，当然也包括文化产业。所有人都和大众流行文化分不开，可以说只要身在某个环境，就一定会接触到大众流行文化。如果外星人的存在被证实，甚至与人类建立起某种联系的话，那么文化产业也将面临一些改变。

举例来说，微信、微博一类的新媒体肯定会有无数种关于 UFO 和外星人的"扫盲贴"以及热点话题，也许人类的文化会传播到外星人那里，并且受到欢迎；而外星人的文化也自然会渗透到人类文化当中，但是受欢迎还是有分歧，就不得而知了。

其实文化产业的工作者往往比大众更加关注 UFO 和外星人，因为无人涉足的领域就是极好的创作题材。比如各种各样的科幻电影，细算下来不知有多少是以宇宙为大背景、人类和外星人为主角的。如果外星人来到地球，看到人类刻画它们的形象，会喜欢还是厌恶，我们也只能凭空想象一番了。

实际上，很多人都认为政府在努力让我们接受外星人存在这一事实，电影和漫画就是渗透的渠道。确实，在漫画当中人们早就对外星人和 UFO 有了无数种幻想甚至是憧憬。比如美国著名的 DC 漫画公司就塑造了许多让人憧憬的外星英雄人物，超人就是其中之一。

　　这里不得不提及斯坦·李，他是漫威漫画公司的掌舵人，在他的指导之下，很多星际英雄人物被塑造出来，比如蜘蛛侠、绿巨人、雷神、钢铁侠、美国队长、X战警以及神盾局特工等。他们不仅是漫画中的经典形象，近年来更是成为影视剧和电影当中的主角。

　　斯坦·李对外星人有着独到的见解。他喜欢将外星人作为故事的开端，而且总是有反转剧情。根据他所说，如果设计的外星人形象出场的时候看起来是好人，那么实际上他就是坏人；如果出场时看起来像是坏人，那么实际上他一定是好人。而那些出场就有些吓人的形象，往往不是侵略者，而是来帮助地球人的。

　　斯坦·李似乎一直想要通过这种方式消除人们对外星人的偏见。而他本人虽然对外星人了解有限，但他坚信外星人是存在的，因为他身边的人就曾有过 UFO 目击经历。那是他公司的同事索尔·布罗斯。当时布罗斯正在进行拉斯维加斯汽车之旅，在路上驾车的时候他发现了一架 UFO，他很确定自己没有看走眼，因为这个飞行物没有飞机通常的翅膀，而且飞行速度极快，还没等他仔细观察一番就以惊人的速度飞走了。一开始布罗斯以为那是军方的试飞测验，但是事后回想，越来越觉得有些不对劲儿。

　　有过目击经历并不代表什么，斯坦·李的创作源泉也不在于此，他总是以一种新奇的角度来诠释外星人和 UFO。比如他之后创作的作品理念是 UFO 穿越的不是空间，而是时间。也就是说 UFO 不是来自外星，而是来自未来。

　　在斯坦·李看来，每个人都应该有自己对外星人和 UFO 的理解。他的希望也是如此，在他天马行空的想象中展现出的就是各式各样的星际空间和故事。在他眼中，外星人与地球人一样，有好人也有坏人，而人们对外星人的恐惧心理往往来自影视作品或者传言之中渲染的形象——富有敌意的可怕物种。但斯坦·李在用自己的方式来刻画外星人，他对读者的希望就是大家都能够以平常心去看待外星人，而不是只有恐惧而已。

阿尔弗雷德·韦伯：星际政治终会到来

世界上首先有了群体，然后产生文明，之后发展到社会，最终回归于政治。在如今这个社会环境当中，没有政治是不可能的。只有政府存在，才能更好地为人类的明天做规划。每个国家都有领导人，这个领导人代表着全国的民众。但如果有一天外星人来了，谁来代表地球呢？外星文明当中有没有政治呢？地球和外星文明之间又会产生怎样的火花呢？

21 世纪初，学者阿尔弗雷德·韦伯提出了一个新的概念，那就是星际政治。显然，在他眼中集体会不断扩充，就像人类由最早的部落发展成为城市，后来有了国家，最终发展为联合国。按照这个节奏下去，当与外星文明建立联系的时候，自然就会出现星际政治。

范式研究小组的领导者斯蒂芬·巴塞特认为星际政治应该是关于创建或维持有关外星人现象或外星人政府政策的政治艺术或政治科学。而星际政治研究所的迈克尔·萨拉博士则将经济政治上升到了研究高度，他认为这种研究是跨学科的科学领域，以政治科学为基础，从事人员、制度和流程的研究，当然也从涉及教育和公共政策，研究外星生命以及通过公开宣传和新兴范例产生广泛科学的学科。

显然，相比于其他还在讨论外星人存不存在，什么时候能够找到外星人等问题的科学家们，这些人已经将步伐迈到和外星人产生联系之后的事项上了。其实简单来说，星际政治可以理解为是一种地球文明和外星文明的交流模式。在人类的政治当中，其实是比较混乱的，所以在很多科学家看来，外星的政治也是如此，关键在于我们如何评价自己，又是如何评价外星人的。而基础在于我们首先要认同自己，如果我们连自己都认同不了，就谈不上认同外星人以及外星人的一切了。

在历史当中，不只有一个科学家强调了外星人是比较危险的，但还是有很多人愿意与其打交道，就像国家政治当中总有保守派和开放派一样。在星际政治的研究当中，有些人表示欢迎外星人加入，建立同盟关系并进行互动，但也有人认为外星人可能具有破坏性，所以它们的存在本身就已经对人类构成了威胁，如果还与其建立密切的联系，那无异于饮鸩止渴。

但不管我们怎么想，阿尔弗雷德·韦伯都认为星际政治迟早会到来，只是时间早晚的问题。只要地球人与外星人之间有了交集，那么联系就是不可避免的了。如果外星人对我们友好，我们自然欢迎，愿意与其建立友好互助的关系；但若是外星人对我们是一种敌对态度，同样会涉及星际政治，毕竟裁决、战争也都是政治当中的一部分。

巴塞特认为外星人实际上已经访问地球了，所以星际政治就不能再局限于设想，而应该投入实践当中。

对此，你是怎样认为的呢？其实，随着人类文明的不断进步，我们的脚步一定会进入太空，到了那个时候，也许我们所知的世界就会更加广阔，也许联合国就不再是世界最大的组织了，取而代之的将是星际联盟！

霍金：不要主动招惹外星人

对于外星人你是怎样看待的呢？希望有机会一睹真容，还是希望永远不要见到？不仅我们会思考这个问题，科学家和政府、军方都会有所考虑。其实很多事情都是"双刃剑"，有有利的一面自然也有不利的一面。

比如对地外生命探索这件事就是如此。有些人希望永远不要见到外星人，外星人也永远不要光临地球，因为一直以来人类都过着平静的日子，外星人的到来自然会打乱这种平静，变化是一定会有的，是好还是坏尚无法预料，所以不能轻易尝试。而另一方希望找到外星人的人肯定觉得这是科技的一大进步，探测到外星人的存在，就等于在宇宙空间有了一席之地，说不定还能得到先进的科学技术，或者可以和外星人建立某种联系。

可以说上述双方都有自己的道理。绝大部分科学家都会想要尽快找到外星人并与之建立联系，似乎让科技进步就是他们的职责，但在这其中也有反对的声音，比如对宇宙有深入见解的英国科学家霍金。

霍金被称为继爱因斯坦之后最杰出的理论物理学家之一，在对外星人的探索这方面，他是持反对态度的，甚至是一种警告。首先，霍金是认可地外生命存在的，并以为这是毋庸置疑的事实，但是我们人类应该尽可能避免与其进行接触。

在他看来，文明之间必然会存在不可避免的冲突。我们不知道外星人到地球之后会做什么，这才是最可怕的。如果外星人从一个荒芜的星球来，到了地球之后就会像曾经的哥伦布发现美洲新大陆之后一样进行掠夺，而当时的印第安人生活有多么悲惨我们已经通过历史了解得足够多了。所以，如果外星人发现了地球，说不定我们就会重温印第安人的历史。

可以说我们对外星人应该是避之唯恐而不及的，更不应该主动探索。对于如今人类发出的地球名片以及一些信息，霍金都是非常反对的。他认为人类是以自己为标准去衡量地外生命发展到什么程度，事实上我们对它们完全不了解。我们渴望和平与合作，但对方怎么样我们就不知道了。至今为止，人类发出的各种探测器已经将自己的信息泄露给地外生命了，比如地球的位置以及我们人类的体貌特征，等等。霍金认为，我们这种行为很可能是给对方亮出自己的软肋。谁都不知道外星种族是什么样子的，不是每个外星文明都爱好和平，都是善良的，说不定还有食肉族群以及富有侵略性的族群。如果真的如霍金所言，那么我们可能比当初美洲的印第安人还要悲惨，被剥夺的或许不仅仅是资源，还有我们的生命。

霍金的担心不无道理，他也是站在人类的角度去思考，担心人类会在具有侵略性的外星文明中变成历史中的印第安人。当然，他主张的是不要主动去招惹外星人，应该离它们远一些，但不代表我们就要否认外星人的存在，在科技发展方面我们还是应该继续的，至少不能像曾经的美洲人一样，欧洲人前来侵略的时候还不知道他们是从哪儿来的。

霍金的担心也得到了很多科学家的认同，有的科学类作品当中就表明了现今我们并不能排除外星人入侵地球的可能性。但也有人认为，外星人能够到达地球，那就说明其文明发展程度要高于人类，那么素质自然也就高于人类，这样的人又怎么会无端地挑起战争呢？

但换个角度想一想，蛮荒时代烽火连年，可是即便到了今天，人类发展到目前为止最高级的时候，战争仍然时有发生。弱肉强食是大自然的规律，很可能也是这个宇宙的最高准则，所以我们不能肯定地说外星人不会对人类做出攻击性的行为。

发达不代表和平，有些实力强大的地区和国家还在压迫着弱小的国家，这是事实。所以如果我们认为外星文明比人类发达就不会入侵地球，那这种想法就太天真了。高度发达的文明没有战争，那是一种理想化的世界，不一定就是现实。

如今我们还没有进入宇宙时代，甚至离宇宙时代还很远，而我们同样没有探索到外星文明，仅能够肯定其存在是因为它们的主动出现。如果这个时候有外星文明发现了地球，那么对方的科技水平和文明一定超过人类，如果它们对地球起了心思，那么我们完全没有招架之力。

想想看，人类为了生存和发展，努力地探索月球和火星，其根本原因就在于地球资源有限，我们要看看周边的星球上是否能够有为我所用的资源，或者说是否地球之外更适合生存的环境。换个角度想一想，如果外星人正好发现地球上有它们需要的能源，或者地球更适合它们，而它们又有能力侵略，那么结局会是什么样的呢？

　　从方方面面来考虑，霍金的担忧都不是没有道理的。有科学家表示，外星人是否会入侵地球，要看外星文明的道德水平是什么样的，如果对道德水平没有什么约束力，或者说凌弱没有什么罪恶感，那么它们就会入侵地球。另一点就是文明发展，就像不同的文化种族会有冲突一样，如果我们遇到的外星人与我们的文明是背道而驰、相互抵触的，那么战争同样一触即发，而且其源头还在于我们找到了它们！

　　当然，并不是所有人都认同霍金的看法，有些人认为外星人虽然有可能入侵地球，但可能性是微乎其微、可以忽略不计的。因为如果一个外星种族没有人类的发展水平，那么我们还未找到它们，它们就更没有能力找到我们；如果对方比我们更加先进，那么它们就没有必要入侵地球。一个星球上的文明发展到了能够跨越宇宙之间的鸿沟这样的水平，又有什么必要不远万里去侵略一个低级生物生存的星球呢？

　　还有就是一个外星文明能够进行数亿光年的星际旅行，那么他们肯定有着极高的道德观念，否则在宇宙文明前这种文明就会自我毁灭了。退一万步讲，就算对方真的是资源枯竭，不得不侵略其他星球获得资源，那么它们已经没有足够的资源了，又怎么有能力到达地球呢？

　　总之，各方的争议一直存在。虽然我们不知道外星人是否会入侵地球，但是我们永远不能以自己的意志为转移，去推测外星人的想法，毕竟我们是不一样的种族。未来会发生些什么，没有到那一天谁也不会知道，不是吗？